贵州财经大学引进人才科研启动项目"圈层理论下农户安全施药的技术选择偏向与激励机制研究"（项目编号：2018YJ45）

农业绿色发展：
农药安全施用行为及其驱动因素研究

于伟咏◎著

中国社会科学出版社

图书在版编目（CIP）数据

农业绿色发展：农药安全施用行为及其驱动因素研究/
于伟咏著 . —北京：中国社会科学出版社，2021. 8
ISBN 978 - 7 - 5203 - 8964 - 8

Ⅰ. ①农… Ⅱ. ①于… Ⅲ. ①农药施用—安全行为—
研究 Ⅳ. ①S48

中国版本图书馆 CIP 数据核字（2021）第 169743 号

出 版 人 赵剑英
责任编辑 刘晓红
责任校对 周晓东
责任印制 戴 宽

出　　　版　中国社会科学出版社
社　　　址　北京鼓楼西大街甲 158 号
邮　　　编　100720
网　　　址　http：//www. csspw. cn
发 行 部　010 - 84083685
门 市 部　010 - 84029450
经　　　销　新华书店及其他书店

印　　　刷　北京君升印刷有限公司
装　　　订　廊坊市广阳区广增装订厂
版　　　次　2021 年 8 月第 1 版
印　　　次　2021 年 8 月第 1 次印刷

开　　　本　710 × 1000　1/16
印　　　张　14. 75
插　　　页　2
字　　　数　220 千字
定　　　价　78. 00 元

目　录

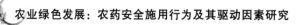

第一章

研究背景

第一节 问题的提出和研究意义

一 问题的提出

随着社会经济的不断发展，国际农产品市场的竞争加剧以及社会生活质量水平的日益提高，农业的主要矛盾由总量不足转变为结构性矛盾，突出表现为阶段性供需不匹配，农产品供求结构性失衡、要素配置不合理、安全和环境压力大、生产品质与市场需求不匹配、农民收入持续增长乏力等问题仍很突出，增加产量与提升品质、成本攀升与价格低迷、小生产与大市场、国内外价格倒挂等矛盾亟待破解。"石化农业"对人类健康和生态环境的危害逐渐显露，目前农业生产面临着安全、资源与环境的多重约束。近年来农产品安全问题频发，例如镉大米、烂果门、农药中毒等事件，越来越多的食品安全事件不仅损害消费者的利益，更严重影响消费者的信心，加上全球化背景下，农产品出口受到更加严苛的贸易壁垒，作为人们生存和发展的最基本物质，农产品的质量安全毫无疑问就成了社会关注的焦点。农产品安全问题不仅关系到人们的身体健康①，而且还会影响到一个国家的农产品市场秩序和农产品的进出口贸易，甚至还影响人们对经济以及社会安全的预期，从而降低社会的福利（徐晓新，2002）。

四川省作为我国主要粮食主产区同样面临农产品安全问题。2016年全省第一产业增加值为 6705.67 亿元，农药施用量 5.89 万吨，单位面积农药施用量为 0.90 千克/亩，单位农药产出强度为 6343.54元/千克。图 1-1 为全国及四川省农药施用强度情况，可知全国及四川省单位面积农药施用量 2010 年前呈逐年增加，之后开始有所缓解，单位面积施用量高于四川省；单位农药产出强度表现为逐年提高，且边际产出弹性近年来增长明显，但四川省高于全国，但农药利用率水平仍较低。此外，农药安全使用问题突出，特别是针对全国重要的粮食、蔬菜、水果生产和输出基地，农产品安全问题始终存在，对农业

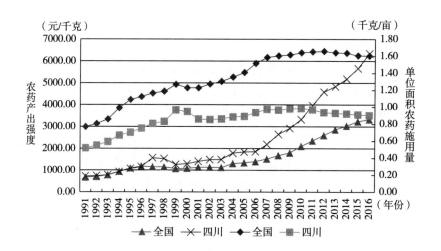

图 1-1　全国及四川省农药施用强度

注：主纵坐标的单位农药产出强度 = 农业总产值/农药施用量，单位为元/千克。次纵坐标的单位面积农药施用量 = 农药施用总量/单位播种面积，单位为千克/亩。

资料来源：图中数据来自各年份《中国统计年鉴》和《四川统计年鉴》整理所得。

---

① 农药残留导致身体健康的症状包括以下几方面，会导致急性神经中毒、内分泌干扰或三致效应（致癌、致畸和致突变作用），农药慢性蓄积引起人体倦乏、头痛、食欲不振、肝肾损害等中毒症状及迟发性神经毒性，并且不少农药具有致癌作用等（张俊等，2004）。

品牌提升、人们健康安全、环境保护都产生了较大的负外部性。因而，在 2017 年四川省提出了《关于以绿色发展理念引领农业供给侧结构性改革切实增强农业农村发展新动力的意见》（以下简称《意见》），《意见》明确了四川省农业发展由过度依赖资源消耗、主要满足量的需求，向追求绿色生态可持续、更加注重满足质的需求转变。同时加强农产品质量安全监管，推行农业绿色生产方式，不断提升四川省农业供给效率和竞争力。

农产品的生产过程相当复杂，影响农产品质量安全的因素贯穿于"从农田到餐桌"整个产业链之中，其中"农田"环节是控制农产品安全的源头，农户作为农产品的"第一"生产者，其要素投入行为是决定农产品质量安全的关键。安全问题主要诱因是化肥、农药等农业生产要素不合理投入（罗必良等，2011），其中农药施用是关系农产品安全生产的关键环节。而农药作为现代农业发展不可缺少的生产要素，其合理施用是提高粮食产量，减少人力投入，提高生产效率的重要保障（Avery，1997；Netwon，et al.，1949）。我国是化学农药的生产和施用大国，据农业部统计，目前我国每年要投入使用130万吨农药，单位耕地农药施用量是国际平均水平的 2.5 倍以上，并且农药使用效率较低，仅相当于国际平均水平的一半左右（杨俊等，2014）。农药在提高农户收益和消费者福利的同时，农药使用也具有负外部性，表现在农业生产环境污染、食品安全和健康风险等问题（Pimentel，et al.，1992；Wilson，et al.，2001）。由于农药在植物体中环境行为的不合理、不规范使用造成残留，进而影响人体健康。为规范农户的农药施用行为，1997 年国务院颁布了《农药管理条例》，之后又相继颁布实施了《中华人民共和国农产品质量安全法》《农药限制使用管理规定》等多个法律法规，其中《农产品质量安全法》中规定"对可能影响农产品质量安全的农药、兽药、饲料和饲料添加剂、肥料、兽医器械，依照有关法律、行政法规的规定实行许可制度"①。近年来，国家加强了农产品质量安全监管，2014 年国家卫生和计划生育

---

① 资料来源于《中华人民共和国农产品质量安全法》中农业生产这一章。

委员会与农业部联合发布了最新版农药残留国家标准，规定了 387 种农药在 284 种食品中的 3650 项最大残留限量，基本覆盖了目前常用农药品种以及常见农产品和食品种类。2015 年 3 月，农业部在全国范围内启动了农药使用量零增长行动，力争 2020 年主要农作物农药利用率达到 40% 以上。2017 年中央一号文件明确提出，要促进中国农业发展由过度依赖资源消耗向追求绿色生态可持续转变，由主要满足量的需求向更加注重满足质的需求转变。当前农业领域供给侧结构性改革的内容中也隐含着对农产品优质化、安全化和生产可持续性的要求（孔祥智，2016）。但目前政府明令禁止的农药仍在不少地区被生产、销售和使用，许多农户为提高施药效果，缩短农药施用安全间隔期，甚至增加施用次数和加大用剂量，造成农药残留[①]（Sanzidur Rahman，2003），农药残留超标成为威胁农产品安全的最主要因素，特别是在粮食、蔬菜、水果、茶叶等农产品中更为突出（郑风田等，2003）。

学术界逐渐认识到安全农产品应以"产"为主、"管"为辅，两者相辅相成，强化安全技术的使用，以保证安全农产品有效供给（张利国，2010；章力建，2011）。政策设计和实施也逐渐从"监管安全"导向"产出安全"。而控制生产者是保障农产品安全的第一要务，保障农产品质量安全应由事后检查监督转为源头控制（Hanson，2005）。但因人的有限理性和机会主义动机，使人与人或组织之间交易费用增加，这就需要一种交易秩序（治理机制）来有序安排交易活动，从而降低交易费用，而影响交易成本的交易因素包括资产专用性、不确定性和交易频率，在不同维度对应着不同的契约类型和治理结构。其中资产专用性反映的是资产转作他用时价值的减损程度，因而农户会考量机会成本来选择专用性资产投入，专用性资产配置差异带来了农户生产行为多样化，包括产生诸多不规范施药行为，致使农

[①] 农药残留是指农药使用后残存于生物体、农副产品和环境中的微量农药原体、有毒代谢物、降解物和杂质的总称。以每千克样本中有多少毫克或微克、纳克等表示。资料来源于 Ambrus A. 1990 年著的《农药残留分析》一书中。

产品安全问题和生态环境破坏。影响农产品安全因素，除内部生产主体外，还包括外部市场和政府因素，但存在市场失灵和政府失灵情形。一方面农产品质量安全管理由于具有公共产品属性、外部性和信息不对称性，容易形成"柠檬效应""敲竹杠"情况，造成市场失灵；另一方面目前规模小且分散化的小农经济中，农户的施药频率、剂量很难统一，因不可能完全实施登记许可管理制度，导致在工业品上易于掌控的"产品质量差异性"在农产品上却难以监控，从而发生政府失灵。那么，异质性农户因信息不对称造成的不确定生产行为和不安全施药行为，是否可以从内部资产专用性配置和外部市场需求共同调控呢？本书将从资产专用性和需求驱动视角，揭示一"管"一"控"下两者对农药安全施用影响的内在逻辑，能够有效解决农药安全施用的根本性问题，提升农产品质量安全和持续竞争力，对农业绿色发展和供给侧改革政策实施具有重要意义。

二 研究意义

"提质增效"是目前我国农业生产面临的最大难题，也是农产品消费者迫切需求、农业生产者摆脱发展困境的主要目标，农业生产向高质安全转型刻不容缓。目前我国农产品安全问题越发突出，特别是种植业作物的安全问题更具隐蔽性、广泛性和突出性，而农户作为农业生产环节中唯一直接参与者，其产前、产中和产后决策及行为影响着农产品安全生产，农户施药行为直接决定了农产品安全性。因此，对资产专用性、需求驱动于农药安全施用行为的研究具有重要理论和实践意义。

从理论意义上看，国外发达国家农产品安全问题及管理机制明显优于我国目前情况，但鉴于我国由于人多地稀、地质较差、农业生产者素质偏低、国民收入水平相对较低等现实国情，国外很多理论、机制和政策无法在我国照搬复制。目前关于农药安全施用行为的研究主要从农户、组织、政府、消费者等方面的单维度研究，而农户施药行为受到内外部多方综合约束，而从多方出发运用理论和实证分析的研究较为缺乏。结合目前"哑铃式"安全管理机制，本书借助资产专用性理论、农户行为理论、需求层次理论、信息不对称理论和交易成本理论，从内部农户资产专用性投入和外部市场需求驱动，并结合组织、政府规制等方面来研究农药安全施用行为，梳理点（农户）与点、点与面（市场）之间的理论逻辑，以解决因信息不对称带来的市场失灵和政府失灵。本书研究有效补充了资产专用性、需求驱动及其交互效应对农药安全施用行为作用的理论逻辑，对于农户安全生产行为研究具有重要的理论指导意义。

就现实层面而言，农药安全施用行为改进不仅可以保证农产品产量和农民收入，还可以提高消费者安全健康福利水平，修复和保护农业生态环境，具有较强的实践意义。针对目前我国农药施用带来的环境和健康安全问题日益突出，我国党和政府高度重视农产品安全和规范用药问题，自2013—2017年连续5年中央一号文件，都提出了要提升农产品质量和食品安全水平，近两年也明确提出实施农药零增长，实施农业标准化战略，突出优质、安全、绿色导向。从"农户—组织—政府—市场"四维角度探讨农药安全施用行为，做出符合政策要求且实践可行的政策性启示，一方面为农户农药安全施用行为选择提供决策参考；另一方面为种植业安全用药和质量安全提升提供施政参考，并且研究有助于农业绿色发展和供给侧改革的相关政策更加全面深入执行。

第二节　研究设计

一　研究内容

基于资产专用性、需求驱动、补贴政策与农药安全施用研究的特定主题，内容需要体现出科学理论与实践应用的结合。具体而言，研究内容涵盖以下几个方面：

（1）资产专用性、需求驱动、补贴政策与农药安全施用的理论分析。剖析资产专用性与需求驱动相关理论内涵，构建出资产专用性、需求驱动、补贴政策的分析框架，阐明三者与农药安全施用行为的内在逻辑关系。

（2）农药发展与安全农产品生产现状分析。总结和梳理农药发展历史，及农药投入情况，分析我国及四川省安全农产品生产现状，四川省种植业安全认证情况。

（3）资产专用性对农药安全施用的影响分析。运用实证分析方法从农户资产专用性的多个维度来探讨其对硬约束和软约束下农药安全施用的影响，并从信息不对称视角作深入分析。

（4）需求驱动对农药安全施用的影响分析。运用实证分析方法从需求驱动的多个维度来考察其对硬约束和软约束下农药安全施用的影响，并将施药安全行为升级为无公害认证，探讨需求驱动对无公害认证行为的影响。

（5）资产专用性与需求驱动交互效应对农药安全施用的影响分析。运用实证分析方法分析资产专用性与需求驱动交互项对农药安全施用的影响及内在因果影响机制。

（6）我国农药安全施用优化建议。在理论分析和实证分析的基础上，着眼于资产专用性、需求驱动和补贴政策视角，提出改进农药安全施用的政策性启示。

二 研究方法

本书研究主要运用以下方法：

（一）文献分析法

本书首先通过对农药安全施用相关文献进行综述，从要素资产、市场行为、组织参与和政府规制四个方面对农药安全施用做文献分析，为研究农药安全施用影响机理提供分析基础；基于资产专用性理论、农户行为理论、需求层次理论、信息不对称理论、交易成本理论的相关理论文献梳理，并揭示理论对农药安全施用影响的内在逻辑，为资产专用性、需求驱动对农药安全施用的作用机理推导提供了理论证据和依托。

（二）实地调查和访谈法

本书研究对象是经营种植业的农户，包括传统农户及新型经营主体下的家庭农场、专业大户、合作社等，研究农药安全施用特征必须要通过实地问卷调查，同时为更系统、全面了解农药安全施用

7

受外部控制或约束机制，还相应走访供应链上游农资经销商、下游收购商（包括移动商贩、企业、统销合作社等）、市场消费者及政府管理者。

（三）定量分析法

本书以农业生产主体调查问卷中的信息和县域统计信息为基础，分别从资产专用性和需求驱动两个角度探讨两者对农药安全施用影响及其调节效应。具体为运用 Probit、零膨胀泊松回归方法分析资产专用性对农药安全施用的影响，并基于 IV - Probit 模型对内生性问题做讨论；运用 Probit、零膨胀泊松回归方法分析需求驱动对农药安全施用的影响，运用 OLS 计量方法分析了需求驱动对无公害认证的影响；资产专用性与需求驱动交互项对农药安全施用影响研究使用了 Probit、零膨胀泊松回归模型。考虑了一般效应、稳健性检验、内在作用机理等，通过实证研究对理论假说加以验证，保证研究的科学性和严谨性。

三　研究思路

本书基于资产专用性、需求驱动对农药安全施用的作用机理，以及相关理论分析的基础上，结合问卷调研和统计数据，借助所需软件技术，构建 Probit、IV - Probit、零膨胀泊松回归模型及系统动力学模型等多种计量方法，分别对资产专用性、需求驱动及其交互项对农药安全施用进行全面、深入研究。具体技术路线见图 1 - 2。

四　研究创新

本书的创新点将体现在以下几个方面：

（1）重新分类和界定农户资产专用性，基于理论和实证分析资产专用性对农药安全施用的影响，并从信息不对称视角进一步讨论。针对当前农药安全施用行为影响的内部因素研究基本都为个体特征、家庭特征、安全认知及风险感知等方面，鉴于农户的有限理性和异质性，其专用性资产投入和配置会影响其农药安全施用行为，本书将专用性资产分类为物质资产专用性、技术资产专用性、人力资产专用性、关系资产专用性、组织资产专用性、地理资产专用性，然后从土地契约选择、机会成本、垂直一体化和自我履约机制等探讨专用性资

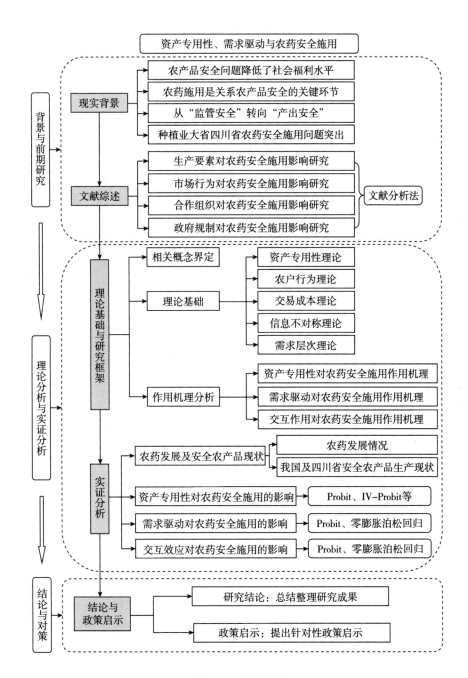

图 1 - 2 技术路线

产对农药安全施用的作用机理，深入解析了农户机会主义行为和逆向选择行为发生的原因。

（2）理论和实证研究发现资产专用性和需求驱动有利于硬约束下和软约束下的农药安全施用行为，信息不对称会影响专用性资产投入和配置。基于"农户—组织—政府—市场"逻辑框架，将点（农户）与面（市场）结合起来探讨农药安全施用的内在机理，研究得到物质资产专用性、技术资产专用性、人力资产专用性对违禁农药使用和施药次数存在抑制作用，物质资产专用性、技术资产专用性、人力资产专用性、关系资产专用性对安全间隔期施药和标准剂量施药具有促进作用，地理资产专用性对硬约束和软约束下的农药安全施用行为影响存在不确定性。需求容量、地理距离抑制违禁农药使用，需求容量、购买能力和至地级市距离可促进安全间隔期施药，需求容量、至成都距离有利于标准剂量施药，需求容量可降低施药次数，而经济距离则相反。

（3）资产专用性与需求驱动交互作用对农药安全施用整体上呈正向调节效应。需求驱动是影响农户根据专用性资产动态调整安全行为和降低经营风险的"强化剂"，作为一种外部治理机制，可以有效解决市场失灵和政府失灵，发挥着监督、约束和激励效果，使农户形成"信息传递—价格传导—预期形成—生产决策"的安全生产过程。

第三节　资料来源

通过对资产专用性、需求驱动对农药安全施用行为相关理论和资料的分析，对其影响机理研究有了初步认识，同时提出研究假设，然后需要运用实地调研数据对研究假设进行验证分析。本书将运用问卷调查、实地访谈、统计资料、文献归纳等方法，合理设计调研方案，在样本原始数据收集、整理的基础上，开展资产专用性、需求驱动对施药行为影响的实证探索。

一　调研设计

在对我国及四川省种植业发展情况，以及农药发展进程、现状及问题的初步了解后，结合实际研究需要，设计本书研究要求的调研方案，为后期研究提供现实数据与资料支撑。

（一）调研区概况

四川省地处西南内陆，地域面积 48.5 万平方千米，占全国的 5.1%，居全国第五位，境内平坝区占 7.84%，丘陵占 10.06%，山地占 49.44%，高原占 32.08%，其他为水面。气候复杂多变，东部盆地属亚热带湿润气候区，集中了全省 70% 的耕地、80% 的粮食产量和 80% 的主要经济作物；川西南山地属亚热带半湿润气候区，攀西地区是全国杧果、石榴、葡萄的最适宜产区；川西北高原属高寒气候区，气候立体变化明显，适宜种植反季节蔬菜等特色产品。四川省是我国重要的粮食主产区，也是西部地区唯一的主产区，蔬菜、水果、茶叶种植和产量位居全国前列，"川字号"优质特色农产品逐渐崭露头角，以"四川省泡菜""峨眉山茶""大凉山""川藏高原""攀枝花水果""宜宾早茶"等为代表的一批区域品牌享誉全国，以安岳柠檬、江安夏橙、攀西杧果、会理石榴、龙泉水蜜桃、广元橄榄等为代表的地标产品远销海外。自然资源丰富，农作物种类繁多，已形成一批具有区域特色的农产品品种和生产基地，地形多样化、作物多元化及特色化、试点政策涉及广泛。成都作为全国准新一线城市，常住人口 2016 年年末达到 1591.8 万人，城镇化率达 70.6%[①]，GDP 占全省 37.56%（2017 年统计数据），对农产品消费容量及能力突出。因此，选定四川省作为本书研究区域，成都市作为区域中心城市，在全国范围内都有很强的代表性。

（二）抽样方法

选择分层抽样方法，分层抽样方法包括分层定比、奈曼法及非比例分配法。由于所抽样本数在总体中所占比例太小，并且还应满足不规律布局下的主要作物种植差异、农产品质量安全监管示范县、公共

---

① 资料来源于《成都市 2017 年政府经济社会发展报告》。

品牌等划分参考边界，故采取非比例分配法进行分层抽样，这样可人为适当增加该层样本数在总样本中的比例。

第一层依据地形抽样，地形根据平原、丘陵和山地，各地形样本数比例大致 1:1:1；第二层依据距离中心城市成都市距离，保证距离呈递增趋势；第三层依据作物类别，每层内应包含水稻、玉米、马铃薯等主要粮食作物，蔬菜、水果、茶叶等经济作物，粮食与经济作物比大致为 1:1；第四层考虑是否为省级农产品质量安全监管示范县、是否有区域公用品牌等特征，保证研究可比性；第五层在样本户选择中，要考虑经营主体、家庭经济、农贸市场距离、经营产品商品化率等因素，以保证样本选择科学化。依据调研设计进行"实地访谈 + 问卷调查"的方式调研，实际调研中力求实现样本分布层次、类型、地域和主体的基本均衡。

二 样本分析

依据调研设计在 2017 年 7—9 月，逐步完成调研区域的实地问卷访谈和数据收集工作，然后对问卷数据进行录入和整理，了解样本的总体分布情况。此次调研中，共发放问卷 662 份，收回有效问卷 628 份，剔除漏项、逻辑冲突、异常值等无效问卷 23 份，最终形成有效问卷 605 份，整体问卷有效率为 91.39%。问卷调查项目包括农户个体和家庭特征、主营作物投入及产出、施药行为及认知、产品认证及销售行为、村级情况等。样本总体分布如表 1-1 所示。

表 1-1　　　　　　　　调研样本分布情况

市（州）	地区	问卷（份）	比例（%）	市（州）	地区	问卷（份）	比例（%）
成都	双流*	7	1.16	绵阳	三台	26	4.30
	天府新区*	5	0.83		涪城	15	2.48
	崇州*	10	1.65		江油	17	2.81
	彭州*	56	9.26	乐山	井研	75	12.40
	龙泉驿*	18	2.98		峨眉山*	16	2.64

续表

市（州）	地区	问卷（份）	比例（%）	市（州）	地区	问卷（份）	比例（%）
德阳	中江	20	3.31	凉山	西昌*	18	2.98
	旌阳	26	4.30		会理*	19	3.14
遂宁	船山	8	1.32		会东	12	1.98
	射洪	6	0.99		盐源	21	3.47
达州	宣汉*	18	2.98	眉山	仁寿	28	4.63
广安	邻水*	10	1.65		彭山	8	1.32
广元	苍溪*	11	1.82		青神	7	1.16
宜宾	江安	8	1.32	雅安	名山	8	1.32
资阳	安岳*	12	1.98		汉源	10	1.65
攀枝花	米易*	18	2.98	内江	东兴	71	11.74
甘孜州	泸定	15	2.48		资中	6	0.99

注：标注"＊"表示为省级农产品质量安全监管示范县。

第二章

理论基础与研究进展

第一节　理论基础

农户生产农产品动机包括自己消费和商品销售，作为"有限理性经济人"，农户一方面会在环境资源约束和生产成本约束下生产安全产品供自己享用，另一方面生产行为中也包含着诸多非理性行为，如为追求短期经济效益，过度投入农药和使用高毒、高残农药等行为，忽视农产品安全和生态环境。理论界基于不同理论对农产品安全生产进行了研究，本书基于资产专用性理论、农户行为理论、消费者理论、信息不对称理论、交易成本理论及需求层次理论等相关理论，开展内部资产专用性和外部需求驱动对农药安全施用影响的研究。

一　农户行为理论

农户是农业生产的基本生产单位，作为农产品生产者其行为问题一直是农业经济学的重要研究对象之一。按照新古典经济学理论，生产者被假设为一个以追求利润最大化为目标的经济人，其生产行为是一种理性的经济行为，在进行生产什么、生产多少和如何生产问题的决策时遵循边际成本等于边际收益的原则。关于行为理论最早关注的是个体行为，华生（J. Watson）是行为主义心理学的创始人，认为行为是个体对外界刺激的反应。托尔曼（E. Tolman）认为行为分为单元个体的行为和整体的行为，生理学中研究的是单元个体行为，而心理学中研究的是整体行为。但赫伯特·西蒙于1961年首次提出"有限理性"（Bounded Rationality）概念，其认为"人在主观上追求理性，但只能在有限的程度上做到这点"。1987年其指出"有限理性是指那种把决策者在认识方面（知识和计算能力）的局限性考虑在内的合理选择，它关注的是实际的决策过程怎样最终影响作出的决策"。西蒙提出的行为经济学理论则从人的"需要—动机—行为"发生过程解释了人们的经济行为（见图2-1），同时认为经济行为的选择也受制于决策环境条件以及选择机会的信息成本和对未来的不确定性。Fishbein和Ajzen于1975年提出了目前应用于许多领域的计划行为理论（Theory of Planned Behavior，TPB），是由多属性态度理论和理性行为理论共同发展的结果。该理论认为行为态度决定行为意向，预期的行为结果及评估又决定行为态度。随着对农户行为理论的研究，逐渐形成了三大主流学派：一是以恰亚诺夫为代表的组织生产流派，认为农户经济发展完全依靠自身劳动力，而非雇用劳动力，农业生产主要满足自身家庭供给，而非追求市场利润最大化；二是以西奥金·舒尔茨为代表的理性行为流派，提出市场经济体系对农户的理性施加了严密的约束条件，农户和企业一样都在追求利润最大化；三是以黄宗智为代表的历史流派，其结合了以上流派，认为农户在边际报酬极低的情况下仍会继续投入劳动，因缺乏其他就业机会，致使家庭剩余劳动力的机会成本几乎为零。到了20世纪90年代形成了两方面的主流研究，一方面是以Matthew Rabin等为代表，寻求行为经济学和主流经济学的融合；另一方面是以Andrei Shleifer等为代表，从主流经济学的角度同化行为经济学。

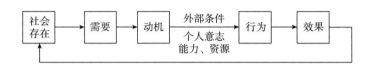

图2-1　个体的行为逻辑

注：该图参考了占小林（2010）论文中对个体行为的描述。

　　自西蒙提出农户有限理性行为后，舒尔茨（1977）也指出农户的经济行为存在理性行为，同时会受到外部环境、可获得信息以及个体的主观认知能力等多因素影响，要从小农实际情况出发，林毅夫（1988）认为在某些时候外界认为小农的不理性行为，可能是因为当受到外部环境限制时，小农会综合考虑再做出当前情况下的最优策略。特别是小农经济行为，农民总是与"保守""传统""非理性"等词语联系在一起（郑风田，2000）。本书将农户作为独立的生产者，其行为具有有限理性，对农药安全属性和安全施用方法的不完全信息获得，既能够根据自身内在需求独立做出决策，又受外部因素影响，同时追求多重目标以实现利益最大化。

　　农产品安全生产主要有要素投入行为决定，农户要素投入行为不仅受到要素禀赋情况，同时受到行为态度和行为目标决定（Ber-gevoet, et al., 2004）。本书基于资产专用性、需求驱动对农药安全施用的研究，构建了农户的农药安全施用理论分析框架（见图 2 - 2）。已有研究指出农药残留超标是影响农产品安全的主要原因，而作为其投入品的农药本身安全属性及其施用规范性直接决定了农产品是否安全。除了农户自身资产专用性及其他要素禀赋等内部因素直接影响施药行为外，农户组织参与程度、社会化技术服务、需求驱动等外部因素也会影响施药行为，同时为防止市场失灵，也需要政府对农户

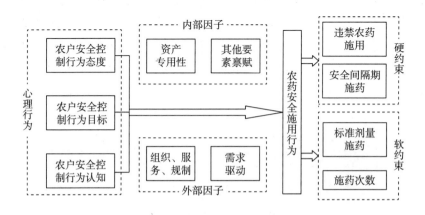

图 2 - 2　农药安全施用行为传导路径

的生产行为进行引导、监督和管理，从而保障农药安全施用。因此，提出了农药安全施用行为的衡量指标，根据政府和环境规制约束力强弱划分为硬约束下的农药安全施用行为和软约束下的农药安全施用行为，其中硬约束下农药安全施用行为包括"违禁农药使用"和"安全间隔期施药"，软约束下农药安全施用行为包括"标准剂量施药"和"生长期内施药次数"。

二　资产专用性理论

德国历史学派先驱者 Liszt（1841）最早就对资产专用性进行了阐述，认为人在劳动实践中逐渐积累的相关职业经验、技术和习惯可能是专属的甚至是排他性的，并且在失去本业之后这些优势将不复存在。马歇尔在《经济学原理》（1948）中提到企业领导者的专用性人才资本，之后 Marschak 也认为工人的天赋和经验是企业难得的专业财富。然而，直到 1985 年 Williamson 才正式提出了"资产专用性"概念，认为资产专用性（Asset Specificity）是在不牺牲其生产价值的条件下，某项资产能够被重新配置于其他替代用途或是被替代使用者重新调配使用的程度。初期资产专用性主要用来分析企业的交易行为，认为因人的有限理性和机会主义动机，使在人与人或者是组织之间因交易活动产生的费用增加，这就需要一种交易秩序（治理机制）来有序安排交易活动，从而降低交易费用。专用性资产也被划分为人力资产专用性、实物资产专用性、场地专用性，以及暂时性专用资产等六大类（Williamson，1979，1985，1988）。Williamson 通过对专用性资产在交易行为中的作用机制，将其应用外延至关系资产专用性，并认为专用性资产投入可能会发展为沉没成本，从而无法发挥或降低其优势或全额价值。而经营主体前期的资产专用性投资形成了后期的异质性能力，不同方向和数量的资产专用性投资是主体异质性的来源，这些资产专用性投资也形成了"沉没投资"，并对产品未来交易产生影响（王德建，2008）。专用性资产同时依附着"捆绑"效应特征，因共同利益或利益最大化而"捆绑"在一起，一旦投入便会被"锁定"在该项专用资产上，事后的垄断行为将会打破投资前的竞争均衡状态，此时便可能会出现以"要挟"为代表的机会主义行为，即"敲竹杠①"行为，当对专用性资产的依赖性越强、投入水平越高，这种"捆绑"效应的作用就越强，中断交易则遭受的损失会更大。为避免资产专用性的"敲竹杠"效应和降低交易成本，一般会选择纵向一体化组织模式。

资产专用性理论对农药安全施用的作用机理主要从以下几个方面解释。一是资产专用性与土地契约选择。农业专用性资产投资往往对农地具有较强的依附性（钟文晶等，2014），学者的研究总结发现资产专用性与土地契约选择存在双向性，即资产专用性会影响契约选择，同时契约选择也会影响资产专用性投入。资产专用性可以解释长期契约与短期契约的替代问题，不完全契约会导致投资激励不足，而投资不足则会导致契约的短期化，短期契约又会反过来抑制专用性投资（Klein，et al.，1980；Grout，1984；Williamson，1985；Tirole，1986；Crawford，1988），同时关系专用性投资越大，契约期限越长（Masten and Crocker，1985）。同时资产专用性越强，为避免或减少沉淀成本，农户越偏向于选择长期契约。因此，在农户的农药安全施用中，长期契约则会激励农户增加安全防治投入，如病虫害物理防治设施投入、生物农药投入等。

二是资产专用性的"沉淀成本"（沉没成本）和"敲竹杠"效应会影响农户资产投入选择，包括物质资产专用性、技术资产专用性、关系资产专用性、人力资产专用性、地理资产专用性等，进而影响安全行为。Klein 等（1978）曾指出，为了避免投资形成资产专用性及其锁定效应，农业经营者往往通过租赁而不是自己拥有土地，来耕种生长期一年以内的作物，如水稻、蔬菜、棉花、玉米等，相反种植那些收获期较长的果树（如坚果、橘子、梨、葡萄等）的土地，由于具有显著的专用性，则偏向于种植自己拥有的土地。农业专用性投资易

---

① 专用性资产的接受方可能会利用某项资产的不可转移性对专用性资产的投资方进行讨价还价，通过压价发生"敲竹杠"行为，因价格压低成本仍小于交易中段的成本，此时便产生了可占用性准租金（一项专用性资产对最优使用者带来的价值与对次优资产使用者带来的价值的差额）。

形成"沉淀成本",农户会担心事后被"套牢"导致事前专用性投资不足,"沉淀成本"一方面构成种植结构调整的退出障碍,形成产业壁垒,另一方面农户在面对交易机会时,由于形成了专用性资产而易于被"敲竹杠"(项桂娥等,2005),资产专用性程度越高,农户的讨价还价能力越弱(董晓波等,2016)。当事前因安全而产生的专用性投资偏高时,农户则会对预期收益、机会成本和事后风险进行评估,以获得最大收益或降低最小损失为目标,来选择是否进行安全投入。

三是资产专用性与农业垂直一体化选择。为解决因资产专用性引致的"敲竹杠"问题,可以通过选择农业垂直一体化和市场交易契约选择(Williamson,2002;周立群等,2002;姚文等,2011),强化合约治理(Claro,2003;Poppo,2008;Hoetker,et al.,2009),农户与下游市场交易主体实施紧密合约行为,通过下游质量约束倒逼农户采取安全施药行为。

四是资产专用性与自我履约。声誉效应在不完全契约履约机制中起到了关键作用,研究也指出声誉效应对自我履约具有激励作用,会影响参与者行为(Kreps,et al.,1982,符加林,2010;米运生等,2017)。从传统理论看,专用性资产似乎不利于契约的自我实施,因用途变更而减值的特性,使资产所有者或使用者很容易被交易伙伴"敲竹杠",也很容易套牢。于是,专用性资产减弱了资产使用者的谈判能力和终止契约的能力,破坏了声誉效应的基本条件即终止契约威胁的可置信程度(聂辉华,2012)。当农户具有较高程度的专用性资产时,无论市场还是科层组织都难以有效应对机会主义,"套牢"效应也使专用性资产能在一定程度上锁定契约方的关系,当预期收益的贴现值越大,违约带来的当期收益越小,违约概率也越低。因此,某农产品为地理标志保护产品、区域公共品牌农产品、注册商标产品或闻名的特色农产品生产基地,农户具有更强程度的资产专用性,根据声誉效应机制,市场与科层混合制的组织模式下,市场和企业隐形地通过声誉效应来促进农户自我履约,实施安全生产行为。

三　信息不对称理论

信息不对称理论（Asymmetric Information）是由美国诺贝尔经济学奖获得者约瑟夫·斯蒂格利茨等拓展研究的，他们提出了"逆向选择"理论、"市场信号"理论以及"委托—代理"理论等基本理论。威廉·鲍莫尔（William Baumol）通过把信息划分为完全信息和不完全信息，来分析两者的区别，以及对社会福利的影响。其后，赫伯特·西蒙（Herbert Simon）把信息的不完全归因于市场参与者的有限理性，把参与者的决策过程看作是信息收集、评价和选择的过程。1970 年，乔治·阿克洛夫（George Akerlof）指出市场上买方和卖方掌握的信息通畅是有差异的，且卖方比买方拥有更多信息，此时市场的效率会受到影响，甚至会彻底失灵。自此，学术界对信息不对称问题进行系统的研究，应用到经济生活的各个领域，包括阿罗（Arrow）、赫什雷弗（Hirshleifer）、斯彭斯（Spence）、格罗斯曼（Grossman）、斯蒂格利茨（Stigliz）等分别在劳动力市场、保险市场以及金融市场等多领域对信息不对称理论作了拓展性研究，并提出了"逆向选择"理论、"市场信号"理论以及"委托—代理"理论等信息不对称经济学的基本理论。随着信息不对称理论在实践中不断应用和拓展，不少学者研究发现一些新兴市场案例无法用传统模型来指导，因此，对传统信息不对称理论出现了一些质疑。如 David Hemenway（1992）提出了在保险市场中存在的顺向选择；Paschalina（2002）针对新技术带给农户体验的不确定性，提出了信息是否越多越好的问题，因为新技术带来的信息无法降低其带来的不确定性；肖峻等（2003）研究表明增加透明度并不一定改善市场质量；Markus Brunnermeier（2005）研究了信息泄露与金融市场效率的关系，指出由于信息泄露造成的不对称，在短期内对价格有一定的影响，但长期内是无效的；Jurgen Huber（2008）发现绝大多数提前获知金融市场信息的人，其福利并未因提前获知信息而出现改善。

信息不对称通常指信息在相互对应的经济个体之间呈不均匀、不对称的分布状态，即有些人对关于某些事情的信息比另一些人掌握得更多一些，导致一方处于信息优势地位，另一方处于信息劣势地位

（辛琳，2001）。主要表现形式包括有信息源不对称、信息时间不对称、信息数量不对称、信息质量不对称和信息混淆等。信息不对称原因既有主观原因，也有客观原因，存在事前信息不对称〔逆向选择[①]（Adverse Selection）〕和事后信息不对称〔道德风险[②]（Moral Hazard）〕，具体框架见表2-1。将信息不对称进行情形细分，可分为逆向选择模型、信号传递模型、信息甄别模型、隐藏行动的道德风险模型、隐藏信息的道德风险模型。

表2-1 信息不对称理论基本框架

事前信息不对称				事后信息不对称		
隐藏信息/知识	产生原因	逆向选择理论	社会契约或均衡合同	道德风险理论	产生原因	隐藏行动
市场信号、第二价格拍卖、最佳所得税制等	应对措施				应对措施	经营者持股、股权、效率工资等

农产品安全信息是不对称的，导致市场上通常不能提供质量安全属性符合社会需要的农产品。原因在于：一是由于消费者购买决策前不能判定想购买农产品是否安全（Lobb, et al., 2007）；二是由于生产者对安全农资和技术知识的缺乏；三是由于农产品安全认证机制混乱，出现"搭便车"行为，导致市场"柠檬化"（Martin, et al., 2003）。往往由于农产品交易中信息传递不畅，存在利益共占而信息不共享、风险逐级转移、责任却不能追溯的问题。国内外一些学者王秀清等（2002）、Andrew（2005）、Ali等（2009）、王常伟等（2012）等研究都表明了影响农产品安全的信息不对称存在于农产品

---

① "逆向选择"一般是指市场的一方不能察知市场另一方的商品类型或质量时，市场中大量的劣质商品会排挤优质商品而最终占领市场的过程；或者是指在信息不对称的状态下，接受合约的人一般拥有私人信息并且利用另一方信息缺乏的特点而使对方不利，从而使市场交易的过程偏离信息缺乏者的愿望。

② "道德风险"一般是指人们享有自己行为的收益，而降成本转嫁给别人，从而造成他人损失的可能性。其表现为签约之后有违背合同、不守诺言、造假、偷懒、偷工减料、不按合同要求履约等的可能。

流通的各个环节。

本书探讨农药安全施用行为，信息不对称理论在生产和交易环节发生作用。一是生产环节的信息不对称理论应用，此环节表现为农药的投入行为。作为农产品供应链条上游的农资供应商和生产者，农资供应商掌握着农药的安全属性，农户需掌握农药配比、安全间隔期等方面的安全信息。但由于农户承包经营规模小，文化素质普遍偏低，农业生产经营以增产为目标，提高安全方面投入较少，且农户难以搜集到农药性能的相关信息。另外农户对市场上安全农产品需求信息缺失，导致安全溢价不足。因受利益驱使和信息不对称，一方面农资供应商会提供高毒、高残、低价劣质的农药；另一方面农户除了可能使用不安全农药外，还会不按规范施药。若与下游签订了合同，加上可追溯体系不完善，则会由于信息不对称出现了"逆向选择"，引发"道德风险"。学者吴海华等（2005）、李庆江等（2007）也证实了此推理。

二是交易环节的信息不对称理论应用，主要表现为因市场供需安全信息不对称影响农药安全施用行为。一方面农户对市场中安全农产品信息的缺乏，致使施药行为得不到改善；另一方面收购商对农产品安全信息的不严格确认，导致存在不安全农产品流入市场。随着生产劳动分工的不断细化，目前生产者往往不负责直接销售，而是通过中间商即收购商来进行销售。农产品收购商判断农产品质量安全方法基本都通过外观，更关注形状好、价格低的农产品，并不关心生产环境是否污染，生产过程是否科学，用药是否规范等，由于质量安全检测缺少有效、强约束力要求，加上检测资金和时间成本，若无激励措施或更高利润空间收购商不会主动进行安全检测，会假设农户生产行为规范且产品安全，这也为生产者违规操作提供了可乘之机。究其信息不对称对农产品安全的影响，主要原因是农产品特殊品质、信息传递不畅（尹志洁等，2008）、组织化程度低（谈海霞等，2011）等，直接后果导致出现"柠檬市场"，优质安全农产品效益被压缩挤占。

四　交易成本理论

交易成本概念经历了从微观到宏观、从狭义到广义的发展过程。

交易成本最早出现在 David Hume 和 Adam Smith 专著里，起源于 Coase（1937）在《企业的性质》中"市场交易"的成本（使用价格机制的成本），指出交易费用包括获取和处理市场信息费用、谈判和签约费用和因市场不确定性等产生的其他费用。1960 年 Coase 在《社会成本问题》中将交易成本概念一般化地拓展出来，认为交易成本应包括度量、界定和保障排他性权利的费用，发现交易对象和交易价格的费用，讨价还价、订立契约、监督履行契约的费用。科斯对交易成本的重申和强调，对学术界深入探究具有深远影响，包括之后的"科斯定理"，其原创性贡献使经济学从零交易费用的新古典世界走向正交易费用的现实世界，更好地解释了现实问题。Williamson（1985）从契约的角度出发，将交易成本分为"事前的"和"事后的"两类，并较全面地探讨了影响或决定交易成本的因素，将这些因素归纳为两类：第一类是交易因素，包括资产专用性、不确定性和市场交易频率[①]，在不同交易维度对应着不同的契约类型和治理结构；第二类是人的因素，即关于人行为的两个特点——有限理性和机会主义倾向。Williamson 将交易成本概括为信息搜寻成本、谈判成本和监督成本三种类型[②]。除了 Williamson，许多新制度经济学家也开始从契约角度解释交易成本的存在，其中达尔曼（1979）指出根据交易过程中本身所包含的不同阶段进行分析，就可得到与科斯定理相一致的交易成本分类，也就是说交易过程存在三个不同连续阶段，与此相对应，交易成本也存在三种不同类型。之后，Matthews（1986）提供了一个简明定义：交易成本包括事前准备合同和事后监督及强制执行的成本，是一

---

① 有限理性和机会主义是交易成本经济学的核心行为假设，围绕此假设产生的三个主要交易行为维度为：买卖双方间的不确定、资产专用性程度和交易频率，其中资产专用性最为重要，且起到决定作用。随着交易发生的频率、不确定性及资产专用性程度的提高，垂直协作方式也会从市场交易形式逐步向混合形式并最终走上一体化的形式。

② 信息搜寻成本产生于与交易相关的预期，包括获得价格和产品的相关信息所花费的成本和识别合适的交易对象所花费的成本，而获得价格信息的成本又取决于获得市场价格信息的难易程度和价格本身的不确定程度（Hobbs，1997）；谈判成本是实际达成一项交易所需花费的成本，一般包括委托成本（佣金）、实际达成交易条款所需花费的成本和正式起草合约所需花费的成本；监督成本是确保交易对方遵守交易条款（例如质量标准、支付协议等）所耗费的成本。

个履行合同的成本。考特又将交易成本区分为广义和狭义两类，狭义一般指交易中发生的时间和精力，而广义则包括交易过程中协商谈判和履行协议所需的全部资源。

交易成本根据具体项目和组成部分不同，费用项目的重要性不同，有人认为交易成本即是信息成本，K. Arrow（1969）认为交易成本是经济制度的运行成本，与其相似，张五常（1999）也认为交易成本实际上就是制度成本，具体包括信息成本、谈判成本、界定和控制产权成本、监督成本和制度结构变化的成本。张五常（2000）提出租值消散的概念，明确了交易成本的机会成本性质的具体内涵。张五常的交易成本也是最广义的交易成本概念。将交易成本视为机会成本的性质，无疑是对交易成本概念的一种重要拓展。关于交易成本能否测度、如何测度，目前学术界尚未形成一致观点，主要是因为交易成本具有机会成本因素，而机会成本并不纳入会计核算体系，这是交易成本难以准确测量的重要原因。交易成本理论在国内研究中也得到较快发展和应用，学者对交易成本作了再定义（宋宪伟等，2011）、再分类（刘志铭等，2006；刘朝阳等，2017）、再测算（刘志东等，2017），并在产业升级、资产定价、委托代理、垂直协作、服务外包、共享经济等方面作了再拓展。

交易成本理论在农业经济学中的应用主要集中在两个方面：一是对不同农业组织制度安排的解释，例如对不同农业制度下家庭生产形式的解释（Williamson，1979）；二是对农业生产各阶段采用的不同垂直协作方式的解释（Hobbs，2000）。农户在竞争条件下选择某种销售方式面临着各种约束，这不仅是因为进入市场需要必要的物质投资，还因为存在与农产品市场相关联的交易成本（Pingali，2007），而交易成本的大小决定了农户参与市场的具体模式。针对具体某种模式，假如农户参与市场的交易成本超过参与市场所能获得的收益，农户就不会进入市场（Sadoulet, et al., 1984），反之则会进入市场。目前存在的交易模式包括市场交易模式、销售合同模式、合作社模式、生产合同模式、垂直一体化模式①。相对于市场交易模式而言，后四种模式都是紧密型垂直协作模式，按其排列顺序，相关主体之间的利益联结紧密程度逐渐增加。

交易成本理论的核心论述逻辑是"交易属性—交易成本—治理结构"，由于有限理性和不完全契约的存在，交易的频率、不确定性和资产专用性会决定机会主义行为的发生情况，而机会行为意味着交易成本，考量交易成本大小进而选择市场还是科层的治理结构（Williamson，1975），最具代表性的就是 Klein 等（1978）所研究的经典议题"自制还是购买"（make - or - buy decision）。其中资产专用性反映的是"资产转作他用时价值的减损程度"，机会主义行为则是"一种基于追求自我利益而采取的狡诈式策略行为，包括隐瞒或扭曲信息，尤其是有目的的误导、掩盖、迷惑或混淆"。有上述论述可以推断，交易成本可因资产专用性、不确定性和交易频率会影响交易双方的生产和销售行为，交易成本与生产行为具有双向性，农户会因机会成本选择专用性资产的投入与否、交易频率，同时交易成本的机会成本会影响农户生产和销售行为，比如农药施用行为和农产品销售选择。本书研究也创新性地将运用交易成本理论来深入探讨农药安全施用行为，资产专用性对农药安全施用行为影响机理前文已讨论，下文对不确定性和交易频率对农药安全施用行为影响机理进行探讨。

不确定性是由 Knight（1921）首次提出的，认为不确定性为无法预料和难以预测的变化。2005 年 Knight 对风险和不确定性作了相应的区分，认为风险是一种能够推导出结果的概率分布状态，而不确定

---

① 市场交易模式是指交易双方没有在事前约定交易时间、交易价格和交易地点等交易条件，交易是随机的、一次性的。销售合同模式是指产品购买者和生产者在事前就产品的交付时间、定价方法以及产品质量等达成协议，生产者按照事前与购买者的约定进行生产，购买者不参与生产阶段的任何决策，也不投入任何生产要素。合作社模式是指农户自愿联合组建专业合作社，根据合作社的要求进行生产；合作社统一购买生产资料、进行产品的加工和销售等。生产合同模式是指购买者向生产者提供重要的生产要素、技术服务等，并参与生产阶段的重要决策。垂直一体化模式是指产品的生产环节和生产资料的生产或与农产品的加工、流通、销售等多个环节被纳入一个统一的经营体内，企业式的管理指令支配着资源在生产、加工和销售阶段的分配和流动。

性是一种不存在这种概率分布的状态。North（2012）则指出不确定性开始用来表示奈特（Knight）所述的风险，而模糊性则开始用来指奈特所述的不确定性。North（2012）进一步将不确定性分为5个层次，即给定现有的知识存量，可以通过增加信息的方式来减少不确定性；在现有制度框架下，可以通过提高知识存量的方式减少的不确定性；只有通过改变制度框架才能减少的不确定性；在全新条件下，使信念必须重构的不确定性；为"非理性"信念提供基础的不确定性。不确定性的研究主要分为两个方向：一是基于交易成本和契约的不确定性理论（Coase，1937；Williamson，1979，1985；Klein，et al.，1978），主要研究在有限理性前提下人们的机会主义行为不确定性，以及针对此类不确定性的契约治理。二是基于知识和能力的不确定性理论（Hayek，1945；Nelson，et al.，1982；Barney，1991，1999），主要研究客观环境不确定性，以及针对此类不确定性的管理控制。本书探讨的不确定性包括客观环境的不确定性和市场交易的不确定性。一方面客观环境产生的地势、灌溉条件、气候等不确定性，引起的农业灾害程度不同，对农药施用量需求也因而存在差异。另一方面市场交易的不确定性容易引起农户的机会主义行为，造成道德风险，诱使农户采取不安全施药行为，形成"劣币驱逐良币"的柠檬市场，损害消费者福利水平。

交易频率是指产品在一段时间内交易的次数。Williamson（2002）在研究市场治理结构时，将交易频率分为偶然性交易和经常性交易，认为对于经常性交易，企业需要建立专门的组织机构，如科层或网络，以节约交易费用，而对于偶然性交易，就很难建立起专门的组织形式。交易频率对农户生产行为影响机制为通过交易费用来选择契约形式，进而依据契约控制安全生产行为。一定时期内，商品的交易费用和交易次数成正比（张婷等，2017），这样可以通过减少交易频率来降低交易费用。因此，降低交易频率的方式也能够降低交易费用，网络治理通过合同联结交易双方，科层治理通过纵向一体化形式，将频率高的交易内化在企业内（Williamson，2002），如"公司+农户"便是纵向一体化交易形式的具体表现。由于农产品的多样化和非标准化，以及季节性、分散性、易损性、生长周期长、价格波动频繁等原因，造成目前我国农产品单次交易成本高、交易行为频繁、交易规模不经济、交易频率偏高的特点（周霞等，2012）。黄祖辉等（2008）指出交易成本对农户选择契约方式影响显著，进而影响农户生产行为。另外，在农户、合作社和企业之间除了商品契约和要素契约外，还存在多种混合型契约联结，农户通过选择不同契约形式，契约不同支配农户安全生产行为也相应存在差异。

五　需求层次理论

在市场销售和消费中参考和引进的需求层次理论包括马斯洛的五层次需求理论、恩格斯对消费资料划分的三层次需求论及需求二层次（HM）理论。其中 HM 理论认为消费者需求看重质量好、性能佳、价格低的产品，同时加上一些促进因素。马斯洛需求层次理论由美国著名心理学家亚伯拉罕·哈罗德·马斯洛提出，1943 年在《人类激励理论》中初步构建了需求层次理论的基本框架，又于 1970 年在《人性能达到的境界》著作中更为系统地阐释了该理论。马斯洛需求层次理论将人类需求分为低层次和高层次，低层次需求是人类作为动物本能的生理和安全需求，是赖以生存的基本物质需求，通过外部条件获得满足；高层次需求是人类发展过程中逐渐形成的，包括归属与爱、尊重需求以及自我实现需求等，属于精神和情感领域的范畴，往往通过内部因素来满足。从低层次到高层次排序依次为生理需求、安全需求、归属与爱的需求（社交需求）、尊重的需求、自我实现的需求，呈"金字塔"形分布，1945 年又增加了求美需求、求知需求，但最先提出的五个层次的需求更被广泛肯定和应用。其中生理需求包括呼吸、水、食物等人类赖以生存的内容，是人类行动的首要动力，只有这些最基本的需求得到了足够的满足，才会对更高层次需求发生激励作用。安全需求就是在生理需求得到相对充分的满足后追求的更高一层次需求，主要包括人身安全、健康保障、道德保障、财产保障、家庭安全等。马斯洛需求层次理论以健康人为研究对象，以人为本，从个人的心理需求和价值实现出发，反映了人类行为和心理活动的普遍规律。人类需求随着收入水平、社会地位和周围环境的变化而动态发展，不同时期迫切程度不同，在外部带来满足和内部满足之间转换，同时各层次之间相互存在和重叠（见图2－3）。近年来，该理论已在心理学、员工管理、学校教育、临床医学等领域得到了广泛运用，也有一些新发现，比如前四个层次需求几乎人人都有，而第五层次需求相当部分的人没有；满足需要时不一定先从最低层次开始，有时可以从中层或高层开始。

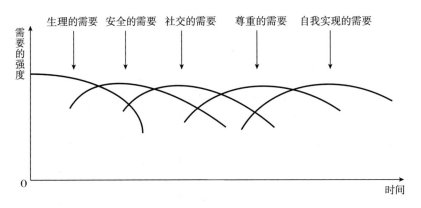

图2－3　需求与心理发展过程的关系

安全农产品具有公共品属性，而目前公共品的供给与需求层次存在错位（李琼等，2011），也就是说市场中对安全农产品需求与供给存在规模、结构、质量层级等方面的不匹配。随着生产规模扩大和市场竞争加剧，消费者可支配收入提高，需求更加多元化、高品质化，市场已变为需求驱动型的买方市场，同样安全农产品消费市场也是如此。根据马斯洛需求层次理论，当人们基本生理需求得到充分满足后，开始出现安全需求的激励效应，注重消费农产品对人体健康、生态环境的影响，农药残留便成为关注的重点安全信号。当市场中对安全农产品需求规模越大、层次越高，对安全溢价支付意愿也越强，生产者剩余增加会驱动农户生产安全农产品，促进其采取农药安全施用行为。当安全溢价越高，市场需求驱动对农户施药安全行为激励效果越强，生产者收益增加，随着市场中安全农产品规模扩大，竞争加剧降低了安全溢价空间，最终提高了消费者福利和社会总福利水平。

第二节　研究进展

一　相关概念界定

（一）农户

农户是一个历史范畴，是人类进入农业发展社会的最基本经济组织（李瑜，2008）。农户是以家庭为基本单元，《经济百科词典》中关于农户的定义是以血缘与婚姻关系为基础并组成的农村家庭，国内一些学者和研究也以家庭代替农户。卜范达和韩喜平（2003）从农户经营内涵出发，认为农户是指生活在农村的、主要依靠家庭劳动力从事农业生产的，并且家庭拥有剩余控制权的、经济生活和农业关系紧密结合的多功能的社会经济组织单位。农户作为我国农村微观经济的主体，具有如下复合功能：（1）人类和自然关系的意义上，农户既是人口单位，又是生态单位；（2）人口意义上，农户是社会组织（家庭）；（3）在社会组织意义上，农户既是经济组织，又是文化组织，也是血缘组织；（4）在经济行为中，农户既是生产者，又是消费者（鲁礼新，2006）。因此，农户既是广大农村投资、生产和消费等经济活动的微观行为主体，又可作为农业生产中最基本的决策单元，同时也是农村土地利用的最基本的决策单元（陈佑启等，1998）。

自我国实施家庭联产承包责任制以来，我国农村突破了人民公社的以三级所有、队为基础的制度，实行了以农户为单元，实施家庭联产承包责任制，农户获得了最终的土地经营使用权，确立了农户作为土地可持续利用的最基本单位这一微观基础（赵登辉等，1998）。从历史变迁过程的角度看，当前农户已越来越深地进入一个开放的、流动的、有具体分工的社会化体系中，并适应和提升了很多现代社会的能力，与相对传统的封闭的小农经济实体越来越远，属于社会化小农的阶段。随着劳动力流动、农地流转、农业机械化提升和农村市场经济开放，逐渐形成了以家庭农场、种植大户、合作社、农业企业为主的新型经营主体，但仍以散户为主要成分。韩朝华（2017）认为当前农业中的家庭经营不同于小规模经营，现代家庭农场在耕地面积和产出量上的规模已远远超出传统小农。家庭农业经营中也出现了纯业农户、兼业农户、职业农民、农业职业经理人等多形式、多重身份的农户。根据四川省实际情况和本书研究需要，本书农户特指以种植业为主的经营主体，包括传统散户及家庭农场主、种植大户、合作社社员等新型经营主体，具体经营类型包括粮食作物、蔬菜作物、水果、茶叶等。

（二）农药与农药残留

按《中国农业百科全书·农药卷》的定义，农药（pesticides）主要是指用来防治危害农林牧业生产的有害生物（害虫、害螨、线虫、病原菌、杂草及鼠类）和调节植物生长的化学药品，但通常也把改善有效成分物理、化学性状的各种助剂包括在内。为提高农作物产量和农产品品质，目前有超过 1100 种农药广泛应用于农业生产过程中。需要指出的是，对于农药的含义和范围，不同的时代、不同的国家和地区有所差异。根据防治对象，可分为杀虫剂、杀菌剂、杀螨剂、杀线虫剂、杀鼠剂、除草剂、脱叶剂、植物生长调节剂等；根据其物质形态，农药为液体或固体或气体形态；根据化学结构分为无机类农药和有机类农药，其中有机类农药包括有机磷农药、有机氯农药、拟除虫菊酯类农药、氨基甲酸酯类农药和有机金属类农药等（易军等，2002）；根据害虫或病害的各类以及农药本身物理性质的不同，采用不同的用法，如制成粉末撒布，制成水溶液、悬浮液、乳浊液喷射，或制成蒸汽或气体熏蒸等。按照 FAO 的统计，在农作物增产增收方面，农药的贡献达到了 40%—50% 的比重。农药减少了病虫害对作物的侵蚀，保证农作物的基本收成。国内外资料表明，如减少农药施用量 50%，则各类农作物的收获量平均减少 7%—58%，完全不使用农药则收获量平均减少 20%—70%（伍小红等，2005；颜振敏等，2009）。当然，农药也是一把"双刃剑"，在提高农业生产效率的同时，其负面效应也逐渐突出，给人类健康和生态环境造成很大危害。

农药残留指农药使用后残存于生物体、农副产品和环境中的微量农药原体、有毒代谢物、降解物和杂质的总称，以每千克样本中有多少毫克或微克、纳克等表示（Ambrus，1990）。农药残留很难彻底消除，某些农药由于自身的不稳定性，其含量会自然消解而减少。但长期摄入过多，会对人体产生畸形或慢性毒性，很多农药甚至会引起所谓致癌、致畸、致突变的"三致"问题（Gilden，et al.，2010；Bolognesi，et al.，2011）。农药残留产生一方面来自直接施药被植物吸收且未被消解部分，特别是不科学施药，如违禁农药和高残农药，农药喷施浓度或剂量过高，违反农药安全间隔期要求；另一方面可能是由于植物生长环境受到污染，生长的过程中吸收了环境土壤或水源中的农药污染物而产生的农药残留（刘腾飞等，2017）。据研究，经过大气和饮用水进入人体的农药仅占10%，而经过食物链进入人体的占90%（刘辉，2008）。在我国，农药产品产量中杀虫剂占70%，杀虫剂中有机磷农药占70%，有机磷农药中高毒农药占70%，而我国发生的农药中毒有70%以上为有机磷农药中毒（武文涵等，2010），尤其是目前仍存在违禁农药使用情况，如甲胺磷、三唑磷、氧化乐果、锐劲特、呋喃丹等高毒或禁用农药（娄博杰等，2014）。针对农药残留危害，我国制定并于2014年实施了GB2763-2014《食品中农药最大残留限量》，该标准规定了食品中387种农药及3650项最大残留限量标准。而目前成熟的农药检测方法主要包括酶抑制法、酶联免疫法、生物传感器法、近中红外光谱法、荧光光谱法、拉曼光谱法和核磁共振技术等（李晓婷等，2011；蒋雪松等，2016）。本书研究的农药包括应用于种植业生长的违禁农药和普通性农药，包括杀虫剂、除草剂、杀菌剂、生长调节剂，违禁农药以《2017年国家禁用和限用的农药名录》为准。

（三）农户施药行为

农户施药行为是指农户购买农药前后的一系列行为。农药购买前针对农药信息获得、农药购买渠道选择、农药性能了解等，购买后具体包括农药喷施前的说明书阅读、喷施方法、剂量大小、喷施时间、安全间隔期考虑等，喷施过程中的喷施器械选择、安全防护行为、风向考虑等，施药后的农药空置的包装物、容器和剩余农药的处理。研究发现农户的确存在过量施药、不遵守安全间隔期、施用违禁及高毒高残农药等不安全行为（Abhilash，et al.，2009；姜健等，2017），从而形成对人体安全产生潜在危害的农药残留。本书所指的农户施药行为主要从政策法规约束程度考虑，分为硬约束下施药行为和软约束下施药行为，其中硬约束下施药行为即对人体健康安全直接影响且明文规定不允许行为，主要考量"违禁农药使用""安全间隔期施药"，而软约束下施药行为表现为因程度增加造成危害的行为，主要包括"标准剂量施药""农药施用次数"。

二　生产要素对农药安全施用影响的研究

农药安全施用研究包括农药要素投入、农户生产行为等方面，两者是紧密的连带行为，农户生产行为决定着农药要素投入是否科学合理，直接影响着农产品安全产出。宏观上看，农户经济目标、政策环境、安全意识和市场环境等因素共同作用影响农户的农药安全施用行为（王华书等，2004；冯忠泽等，2007）；微观上看，农户知识水平、心理认知水平、资产专用性、经济条件水平等对农药安全施用影响较大（王建华等，2015）。基于农户视角，目前的研究主要集中在农户土地要素、劳动力要素、资本要素、技术要素等方面。

（一）土地要素异质性对农药安全施用影响的研究

第一，土地规模对农药安全施用影响研究存在差异化。农户的种植面积对农户安全农产品生产行为有明显的影响（孙庆珍等，2008）。一方面认为具有消极影响。种植面积与农户蔬菜质量安全生产行为选择呈反向关系（江激宇等，2012），粮食种植面积比重对化肥、农药施用密度具有显著的负向影响（龚琦等，2011）。由于细化管理难度大，为节省劳动力投入而加大用药频数和剂量。另一方面研究认为具有促进作用。陆彩明（2004）研究发现农业生产者家庭种植规模与规范农药施用行为呈正相关。张云华等（2004）、周峰等（2008）、贾雪莉等（2011）等实证研究中也证明了这一点。一是因为农地规模经营集中将会提高劳动禀赋的利用率（倪国华等，2015），规模扩大会得到更大程度上的产品质量安全监管，一旦出现安全问题对自身损害更大，他们也更加注重自我管理，规范自我生产行为，其产出的农产品质量安全程度更高；二是规模扩大可以提高追溯技术的实施力度，但对于是否能够提高被追溯主体的"素质",则不能确定,这样生产行为改变可能性不大。研究还指出农业发展规模与农产品质量安全存在临界点。并且耕地规模越大的农户越偏好物理防治型 IPM 技术,也越厌恶生物防治型 IPM 技术(赵连阁等,2012)。代云云等(2015)基于省级动态面板数据对此进行了详细研究,结果显示各地区内的平均经营规模与农产品质量安全之间呈正相关关系,但对经营规模进行划分后,发现在生产面积尚未达到大规模经营的拐点之前,经营规模与农产品质量安全之间为负相关关系;在大规模生产的拐点之后,两者的关系不确定,单位面积化肥使用量随着经营规模的增加而增加,农药施用量则是减少的。第二,土地产权强度对农产品安全生产存在影响。田传浩等(2013)研究表明土地调整对农地租赁市场的交易质量有着负面影响,使农户间签订租赁契约的可能性下降,租赁期限缩短,并进而降低农户对土地的投资。从这一结果出发,可以认为农户流入土地占比偏大或租赁期限较短,会使农户不偏向于对土地改良和安全生产投入。第三,土地细碎化会影响农药安全施用行为。土地细碎化阻碍了农户平均利润的增加,促使其通过增加农药、化肥等农资投入来提高产量(李卫等,2017)。

(二)劳动力要素对农药安全施用影响的研究

劳动力要素对农药安全施用影响研究主要集中在劳动力数量、质量、性别、兼业化程度等差异化。一是劳动力数量方面,家庭农业劳动力充足的农户更倾向于采纳生物防治技术(Abdollahzadeh, et al., 2015)。二是劳动力素质方面。农户的受教育程度影响其对农药的认知水平从而对其农药施用行为产生重要影响(Kumari, et al., 2013),由于农户的文化水平不高,过量施用相同的农药、不合理配比混合农药等现象时常出现(Abhilash, et al., 2009)。Isin 和 Yildir-im(2007)通过对土耳其苹果种植户的调查发现,农户的受教育程度会显著影响其农药的施用行为;农户自身文化素质较低,学习吸收各类专业知识的能力较弱,对各类病虫害的识别能力较差,对科学的施药方式及农药残留的危害性缺乏认知,从而导致大量施用剧毒禁用农药进而造成高浓度的农药残留(赵建欣等,2007)。受教育水平在抑制农药安全施用的同时，也弱化了对安全技术的采纳度。研究发现受教育程度对农户采用少耕技术（Rahm, et al., 1984）、新技术（Atana Saha, et al., 1994）呈显著性影响，Hruska 等（2002）对尼加拉瓜玉米种植农户的调查结果也证实了这一结果。三是劳动力年龄方面。农户年龄越大越会使用可持续农业技术（Souza, et al., 1993），年龄也决定了种植经验，研究也发现种植经验越丰富，对农药伤害感知越明显，施药时越注重采取防护措施（Hashemi, 2011）。四是性别方面。性别差异影响农户对土地、延伸服务等资源的获得，从而影响其农用化学品的施用行为（Morris, et al., 1999）。女性对农药使用不安全使用风险更高（Kishor, 2007），男性相对于女性养殖户来说更愿意选择新品种新技术，而女性则更愿意选择节约资金的技术（宋军等，1998），在巴西，男性更愿意了解农药基础知识以确保农药使用效果（Nicol, 2003），Cheryl 等（2001）也验证了此观点。但另一些研究结论相反，基于风险偏好角度，女性比男性更愿意施用生物农药，由于女性比男性更关注自身安全的健康（邢美华等，2009），这一解释并得到了 Kruger 和 Polanski 研究支持。另外在农药包装安全处理方面，较女性而言，中国的男性农户更不愿意在施用农药时采取措施保护自己，并更有可能将农药空瓶随意丢弃（李红梅等，2007；邢美华等，2009）。五是农户兼业化程度。自家农业劳动力本地非农兼业对农户农药施用强度的影响不显著；外地兼业会显著减少水稻的亩均农药施用量，但对小麦和玉米的影响不显著（纪月清等，2015）。六是农户的社会资本方面。户主具有干部身份的农户则更偏向于选择低于标准或按标准使用农药（田云等，2015），储成兵和李平（2013）也得出户主若为村干部，则会显著促使农户从事环境友好型农业生产。农业生产者进城务工已成趋势，其打工经历也是一种经验的积累，会对其施药行为产生积极影响，农药施用风险可能会有所降低（王建华等，2014）。七是农户的风险偏好也会影响农药施用行为。农户风险态度中的模糊风险和损失风险是影响安全生产行为的重要因素，风险偏好者更倾向于安全生产行为（赵佳佳等，2017）。具有高风险规避程度的农民会施用更多的农药来避免可能发生的虫害损失，或选择更多种类的农药来避免农业生产的不确定性，以保证农药施用能够有效控制虫害和减少损失，或选择购买价格较高的农药（米建伟等，2012）。

（三）技术要素对农药安全施用影响的研究

技术要素主要包括农药的安全和安全施用行为等方面安全技术。一是地区、气候对农药安全施用技术的影响。地理位置不同，由于病虫害发生种类、概率和程度不同，导致农药使用量不同（Saphores, et al.，2011），例如热带地区农作物农药平均施用量明显高于同一经济水平的温带地区（Cooper, et al.，2007），非洲男性更偏向于使用优良品种（Chery，2001）；气候不同，农药使用量也存在差异，当气候条件利于虫害发生时，农药使用量一般会增加（Epstein Lynn, et al.，2003）；季度不同，农药残留呈现规律性差异，在我国第二、第三季度农药残留超标普遍偏高，由于第二、第三季度高温高湿气候为各种植物病菌和虫害生长繁殖创造了条件，另外第二、第三季度植物生长较快、生育期较短，导致农户增加了农药使用频率和剂量，并且用药后短时间上市（特别是蔬菜、水果等）导致残留超标（黄树梁等，2011）。二是农药安全性或易识性决定了生产安全性。除了农户自身原因外，农药生产商或供给商的不安全农药的生产、农药包装上使用标识和方法不明显、不简易等因素都会影响农药安全施用。目前仍存在部分农户施用高毒高残甚至禁用农药，如甲胺磷、三唑磷、氧化乐果、锐劲特、呋喃丹等高毒或禁用农药（娄博杰等，2014）。除了农药不安全外，农药标签不易辨识也导致农药施用不安全。Hanna-Andrea Rother（2005）、Andrea 等（2007）研究发现，农药标签的语言过于专业而难以阅读，增加了农药残留的风险。P. C. Abhilash（2009）对印度农药使用行为的研究中发现农户为追求产量，安全生产意识淡薄，同样 Stadlinger（2011）对坦桑尼亚小规模水稻种植户的研究显示，很大一部分农户不清楚需要施用什么农药，也不了解施药方法，造成农药的滥用和过量使用，部分农户对农药包装随意处理，或者将剩余农药兑水后洒向作物，造成残留同时也造成环境污染（Hurtig, et al.，2003；Ntow, et al.，2006；Abhilash, et al.，2009）。

三是农户安全认知对农药安全施用行为研究。从行为经济学角度出发，农户施药行为态度对行为意向的影响程度最大，残留认知直接影响行为意向，同时也作用于行为态度，主观规范间接影响行为意向（王建华等，2016）。一方面是农户对农药认知则是直接影响药中行为和药后行为，并且作用最为明显（左两军等，2015）。另一方面是农户对农药残留的认知程度与农药残留形成密切相关，特别是在欠发达国家，如泰国（Anat Thpinta, et al., 2000）、巴西（Lopes Soares, et al., 2009）等地农民大多采用传统施药机械喷施农药，效率低且容易造成残留。四是安全病虫害防治技术的运用。病虫害综合防治技术（IPM）与传统病虫害防治方式相比，化学防治 IPM 型技术和物理防治型 IPM 技术显著降低了农户农药施用成本，化学防治型 IPM 技术和生物防治型 IPM 技术则显著提高了农户水稻产量（赵连阁等，2013）。虽然生物农药具有很好的环境包容性，但其与传统农药相比并不具有价格优势，农户依然偏好高毒农药的使用（王志刚等，2012）。Brodt（2006）对美国杏仁种植者与葡萄种植者进行研究，结果表明农户的信念、态度与目标对于生物防治技术采纳决策具有重要意义。五是技术扩散效应对安全生产行为影响。技术扩散存在横向扩散和纵向扩散。横向扩散为农户与农户、农户与新型经营主体间的安全生产行为存在模仿效应，周围"领头羊"的行为对农户采用"一家两制"[①] 生产行为具有显著的正向影响，且这一结果很稳健（彭军等，2017）。纵向扩散为农户、新型经营主体等生产主体与政府、科研机构、企业等技术人员的技术学习。研究中也发现与技术推广人员联系密切的农户更倾向于采纳生物防治技术（Abdollahzadeh, et al., 2015）。六是安全生产的"一家两制"现象对安全生产影响。在面临不同生产用途时，农户的受教育程度、家庭中是否有教师或医生、农户对农药的认知等因素都无法消除"一家两制"现象，而合作社在一定程度上遏制了这一现象（薛岩龙等，2015）。七是种植技术积累对

---

① 农户对自己食用的农产品少用或不用农药等植保产品，而对面向市场销售的农产品却大量使用以提高产量，这种现象为"一家两制"。

农药安全使用的影响。Isin S 等（2007）指出种植经验会显著影响其农药的施用行为。周宝梅（2007）研究发现，以满足自身口粮需要为生产目的的水稻种植户对农药残留问题关注程度较高，而以市场销售为目的的农户则更关注农药效果与水稻产量。有多年蔬菜种植经验的农户更倾向于使用立竿见影的剧毒农药（赵建欣等，2007）。因而从当前研究中发现，安全信息的隐蔽性和辨识难度大特点，容易产生农户不确定性机会主义行为，造成农药不安全施用和农产品安全问题。

（四）资本要素对农药安全施用影响的研究

资本要素对农产品安全生产影响表现为收入水平和收入结构。一是收入水平不同，农民对农药使用不同（Hubbell Bryan，1997）。当农户受到生产融资约束时，化肥、农药等化学投入品投资意愿高于机械投资，以种植水稻为主的地区，化肥和农药投入的替代成本低于农业机械投入（吴伟伟等，2017）。Susmita 等（2007）认为农户收入水平差异可解释农户过量施用农药的行为。毛飞等（2011）对苹果种植户安全农药选配行为分析，发现种植户家庭人均收入水平与选配农药是否安全存在正相关关系。这是由于人们在受到收入风险和融资约束时，对受教育投资水平低于社会最优水平（才国伟等，2014）。二是收入结构对农药安全施用产生影响。已有研究指出经济来源是影响其施药行为的主要因素（周峰等，2008），而农户的收入结构对农户的质量安全控制行为影响显著（王洪丽等，2016）。主要表现为非农收入越高，农户越偏向于使用无公害及绿色农药（张云华等，2004）。朱淀等（2014）研究结果显示非农收入在 3 万元及以上的蔬菜种植户更愿意施用生物农药，政府补贴对农户施用生物农药意愿驱动不足，这与 Amaza（2008）有关农户家庭特征影响和改变其对农药新技术施用的研究结论相吻合。

三　市场行为对农药安全施用影响的研究

市场行为对农药安全施用影响主要表现为事前行为和事后行为，事前行为即为农资供应对农药安全施用的影响，事后行为则是生产者下游厂商和市场消费者对农药安全施用的影响，事前行为是事后行为的先决条件和倒逼行为。

事前行为对农药安全施用的影响。一方面是因为农药信息不对称，农药零售商为了追求利益最大化而向农民提供不完全或者不对称的农药信息，是现阶段农民外部农药信息失效以及高程度农药暴露行为的主要原因（蔡键，2014），而农药零售商的推荐对农民购买不安全农药的影响反而最大（王永强等，2012）；另一方面是因为农药价格的调节效应，农药价格是造成农业生产者农药残留意识淡薄风险的重要因素（王建华等，2016），而低价农药往往意味着高毒高残，生物农药、无公害或绿色农药价格相对较高，诱使融资约束者偏向于选择高毒高残，甚至违禁农药。生物农药价格差异敏感性则正向影响农户认知冲突，负向影响农户施用意愿（郭利京等，2017）。

事后行为对农药安全施用的影响。主要表现在销售稳定性、市场检查、价格激励、声誉效应、市场信息获得能力、进出口贸易等方面。第一，销售稳定性对农药安全施用行为影响的研究。设计良好的质量安全合同可以有效地将非安全交易商拒绝在市场交易之外，降低道德风险和逆向选择（Kottila，2008）。王常伟和顾海英（2013）研究指出签订销售合同并没有起到抑制菜农超量施用农药的作用，反而对菜农的农药用量具有正向激励效果。钟真和孔祥智（2012）通过对奶业抽样数据的实证分析表明，在控制了其他条件的情况下，生产模式更为显著地影响了品质，而交易模式更为显著地影响了安全。第二，市场检查促进农药安全施用。一种是直接检查强度，市场检查频率对农户蔬菜质量安全控制行为有显著影响（代云云，2013）；另一种是间接产品品质分级，果品营销企业是否对收购的苹果进行严格的分级与检验因素对种植无公害优质苹果行为实施意愿有显著正影响（张复宏等，2013）。但在不同销售市场，农药残留存在差异化，批发市场和农贸市场的农药残留超标现象严重于生产基地（金党琴，2011）。第三，农产品价格能够激励农药安全施用。无公害粮食价格显著促进粮农使用无公害农药意愿（任重等，2016）。Kuwornu等（2009）通过实证分析阐明企业对农产品进行安全控制的经济驱动来自市场的激励，Schipmann和Qaim（2011）研究也证实了这一点。第四，市场中生产者声誉效应能够有效促使农药安全施用。市场中消费者对负面报道的关注程度、农药残留相关知识的积累、消费者对政府农药残留政策等因素会影响消费者风险感知（王永强等，2017）。以市场为基础的激励政策能有效弥补命令控制政策的监管漏洞，从而更有效规范农户的施药行为。Power 等（2005）也认为，集体奖励与惩罚基础上的税收—补贴政策能有效克服监管困难。以地理标志农产品为例，生产者会因地理标志所带来的高品质信誉和良好经济效益，会做到严格遵守地理标志产品的质量控制技术规范（Jena and Grote，2012）。第五，市场信息获得能力对农药安全施用行为的影响。信息获得能力对农户采用安全技术呈显著影响（黄季焜等，2008；唐博文等，2010）。信息能力[①]潜变量对菜农施药行为转变产生显著影响且存在部分中介效应（姜健等，2016）。王绪龙等（2016）研究发现菜农的信息能力既通过中间变量间接显著影响使用农药行为转变，又直接显著影响使用农药行为转变，但信息能力影响行为转变的直接效应小于间接效应。第六，进出口贸易可以影响减药和农药安全施用。绿色壁垒的设置为无公害的"绿色农药"的推广和应用提供了便利条件（徐晓鹏，2017）。进出口贸易中，高收入国家通过进口粮食会降低农药施用强度，而低收入国家则难以实现这种作用（向涛等，2014）。王志刚等（2012）研究指出农产品国内销售和出口日本的比例、农户对国内外农产品市场的评价及是否接受农药残留检测显著影响其对食品安全规制的认知。市场机制通过消费者对国内供给的零售价倒逼生产经营者重视提高产品质量，但政府作为标准制定机构，供给高标准的意愿却相对不足，导致的结局必如马克思所言，"最后摔坏的不是商品，而是商品生产者"（戎素云等，2017）。

四　组织模式对农药安全施用影响的研究

农药安全施用除受到个体控制和市场倒逼约束外，还受到组织和政府制约。对已有文献整理，发现农户的组织参与对农药安全施用存

---

① 信息能力是指菜农通过一定的方法把有关农业生产的本体论信息转换为认知信息的能力（钟义信，2008），具体表现为菜农的信息意识、信息需求、信息认知、信息获取和信息使用等（苑春荟等，2014）。

在显著影响，组织也为提高农户安全生产行为提供思路，下文将组织参与划分为横向组织参与、纵向组织参与及社会化服务组织。

（一）农户纵向组织参与即"供应链参与"对农药安全施用的研究

有效的农产品供应链组织和运营模式也是解决农产品质量安全的长效机制之一（Matopoulos，et al.，2007）。纵向联合中公司与农户通过缔结联盟形成的生产组织，通过合同制、股份合作制等多种利益机制，带动农户从事专业生产，实施一体化经营，有利于保障农产品质量安全，改善农药安全施用行为。主要模式包括"公司＋合作社＋农户"或"公司＋基地＋农户"模式，能够较为有效地克服技术性贸易壁垒，推动块状经济的组织化、标准化管理（刘峥，2011）。同时要防范"反牛鞭效应"（Inverse Bullwhip Effect，IBE），因为在垂直一体化供应链中，农产品历经种植、初加工、精加工、储存运输和销售各个环节，任何一个环节出现质量问题都使下游，直至最终产品出现偏差，使处理质量问题难度加大。已有研究也证明了，是否参加供应链组织对农户的食品质量安全生产行为具有显著影响，加入供应链组织的农户，其生产行为更加安全（华红娟等，2011），但不同供应链组织模式对农户技术采纳行为的影响存在差异性（耿宇宁等，2017）。张云华等（2004）也指出农户与上下游供应链节点的联系是影响农户采用无公害及绿色农药的主要因素；王仁强等（2011）以蔬菜供应链为例研究，指出"蔬菜公司＋生产基地＋菜农＋蔬菜生资公司＋批发市场"供应链模式可有效改善和维护蔬菜的质量安全状况；谭华风等（2011）研究发现东莞市三年来规模化种植基地的蔬菜农药残留合格率平均高于分散农户约 1.52%。同样研究表明交易的紧密程度、次级市场的数量、契约的完整性等体现交易模式差异的因素也对农产品质量安全具有显著的影响（Hennessy，1996；Young and Hobbs，2002；朱文涛等，2008）。这是由于合同及信誉机制对农产品质量安全发挥着积极有效的作用。Kottila（2008）认为设计良好的质量安全合同可以有效地将非安全交易商拒绝在市场交易之外，降低道德风险和逆向选择。另外企业或产业化组织虽然可以通过合同来规定安全农产品的生产操作标准，并指导农户合理采用农业技术及对农业生产投入品进行有效控制（胡定寰，2005），但是，现有市场条件下农民与产业化组织的利益联结机制并不完善（郝朝晖，2004），单方面违反合同的现象时有发生。

（二）农户横向组织参与即"生产合作参与"对农药安全施用的研究

横向联合中农业经济合作组织可以将分散的小规模农户联合起来，进行统一管理，确保农产品质量安全。横向联合主要以合作社为主，合作社可以将不同要素禀赋的农户联合起来，实施统一生产标准，形成有效监督机制，降低农产品安全管理中的组织成本（高锁平等，2010；王庆等，2010）。合作组织对农产品质量安全作用路径是农民合作组织在优化资源配置、降低交易成本和市场风险、共享组织优势与合作收益上具有制度优势，使其在应对小规模分散经营内在的农产品质量安全缺陷上具有效率（苏昕等，2013）。究其原因，从组织理论讨论，由于合作组织具有共同利益和长期目标，有条件对品种、农药、饲料、兽药的使用明确规定，发挥组织内部自律功能，有效防止单个农户的机会主义行为，从而实现农产品生产过程中的质量安全控制（郭晓明等，2005）；从共生角度讨论，互动程度与依赖程度、安全农产品生产能力、利益分配方式和安全农产品生产意识对农户与企业共生合作的行为选择有显著的促进作用；安全农产品生产环境中农户对企业质检监督的评价以及农户特征中的家庭收入对农户与企业共生合作的行为选择也有显著的促进作用（彭建仿等，2012），农产品安全经济效益对企业的共生合作行为存在一定的正向影响（彭建仿等，2011），强调互补性、协同性、增值性和共赢性（彭建仿，2012）。现有研究指出，参加农业合作组织的蔬菜种植户更愿意施用生物农药（朱淀等，2014），另外参加农业专业技术协会也有利于农户采用无公害及绿色农药（张云华等，2004）。同时新型经营主体具有更强的农药安全施用行为，如家庭农场亩均农药使用量比周边普遍农户少，其生产行为已初具生态自觉性（蔡颖萍等，2016）。

（三）社会化服务组织对农药安全施用的研究

国外一些研究发现，农户由于缺乏农药施用知识的正确引导而倾向依靠大剂量施用农药来控制病虫害（Epstein, et al., 2003），这也正是导致发展中国家绝大多数农户施用高毒农药的根本原因（Mekon-nen, et al., 2005），国内研究也进一步证实，政府政策以及农业科技人员对农户开展的农药施用知识和技能培训是影响农户的农药残留认知的最直接原因。现实中安全相关社会化服务包括机械化服务、供销社、农技推广等方面。应瑞瑶等（2017）研究指出植保专业化服务显著减少了农药施用强度，提高了无公害低毒农药的采用比例；并且其效果在小农户和规模种植大户之间存在明显差异，与采纳病虫害统防统治服务的规模种植大户相比，小规模种植户在采纳病虫害统防统治服务后在降低农药施用强度，提高无公害低毒农药的应用比例方面效果更显著。研究还发现农技人员、农药经销商、大众传媒、亲友邻居等多种类型的农药施用知识与技能培训对于减少农户施药量均具有正向影响（王建华等，2014；周洁红，2006；吴林海等，2011）；郝利等（2008）研究发现71.2%的农户认为政府应加强无公害农产品生产技术培训，67.5%的农户认为应加大对无公害农产品的认证补贴。国外的研究表明利用最佳管理措施①可以有效地控制面源污染，且效果显著（Adams, et al., 1995；Kao, et al., 2003）。另外农业保险因子能够显著影响农户不合理农药施用（张利国等，2016）。

五 政府规制对农药安全施用影响的研究

政府规制对农药安全施用的影响主要包括约束规制和激励机制两个方面。因信息不对称造成安全农产品出现"柠檬效应"，导致市场失灵问题，这就需要政府来弥补市场失灵的缺陷（李功奎等，2004），并且政府应从主导型农产品安全监管模式向政府参与型农产品安全治理模式转变（王建华等，2016）。农产品安全状况关系到人们的健康和生命安全，政府需要从公共利益出发，制定和实施一系列规制措施保障农产品质量安全，主要包括两个方面即约束规制和激励机制，从而减少农药施用、降低负外部性。

约束规制主要体现在以下几个方面：一是法规约束农业生产者依

---

① 最佳管理措施（BMPs）定义为任何能够减少或预防水资源污染的方法、措施或操作程序，包括工程、非工程措施的操作和维护程序。

法规范生产。依法规范农产品安全生产和经营行为，更有效维护生产者、经营者和消费者权益（夏英等，2001）。国外研究中 Hruska（1990）对尼加拉瓜政府农药政策的演化（1985—1989 年），指出政府通过采取禁止高毒农药、控制农药进口、开展农药培训以及发放生物农药补贴等措施能够规范农户的施药行为。自 1997 年国务院颁布《农药管理条例》以来，农业部相继颁布了《农药管理条例实施办法》《农药限制使用管理规定》《关于打击违法制售禁限高毒农药规范农药使用行为的通知》等一系列法规条例。其中强令禁止高毒农药、对违反农产品安全生产进行处罚以及对收购农产品进行检测等命令控制规定对农户是否过量施用农药的行为具有较强的规范效应，但对是否阅读标签说明的规范效果不佳（黄祖辉等，2016）。二是用药标准对安全生产的影响。科学制定食品中农药最大残留限量标准（以国标《食品中农药最大残留限量》为例），在保障农产品质量安全的同时，进一步规范和引导农药施用行为，是平衡农药利弊的关键（李太平等，2014）。构建农药施用标准、出台农药施用政策会有力引导农户考虑农药安全间隔期、重视农药残留等行为（王建华等，2015）。但我国现行农药残留国家标准存在较大的安全风险，应尽快修订标准（李太平，2011）。三是农药检测和安全监管对农药安全施用行为的影响。姜健等（2017）对蔬菜种植户过量施用农药行为分析，发现出售前检测会影响菜农过量施用农药。研究者基于成本—收益视角，探讨了食品安全监管收益与成本的使用与限制对监管的影响效果（Antle，1999；Arrow，1996），也有人指出现阶段我国食品安全监管中分段监管的分权体制导致的监管失灵是造成食品安全问题频发的制度性因素（郑风田等，2003；李长健，2006；赵学刚，2009）。基于此，有学者提出了构建一个由政府和企业协调配合、共同行动的联合监管（规制）系统是促进食品安全监管的有效途径（Carcia, et al.，2013）；Unnevehr（2003）基于 OECD 国家保障食品安全的政府干预类型，提出了五种食品安全监管方法，具体包括自愿准则或标准、提供第三方认证、通过标签提供信息、建立食品安全法律责任、建立自愿性或强制性的产品跟踪追溯制度等；刘任重（2011）指出政府应因势利导，综合考量惩罚、奖励措施，科学建立合理的食品安全监管框架和模式；李静等（2013）认为我国应加快建立"监管分设、多元监督、信息对称"的信息平台，实现食品安全监管的持续运行。

激励机制方面主要包括以下几个方面。一是财政支持促进农药安全施用。财政支持有助于农业绿色生产率提高（肖锐等，2017），但具有滞后效应（叶初升等，2016）。二是政府的教育、宣传、培训等措施能够促进农药安全施用。基于公共品外部性视角，政府已有措施不能有效解决食品质量安全问题，需要建立和完善食品监督管理体系和相关教育宣传活动（谢敏等，2002）。受过良好教育的农户过量施用农药的风险远低于受教育水平较低的农户（Khan，2015）。Goodhue等（2010）研究了加利福尼亚教育项目对果农农药施用行为的影响，结果表明教育可以显著地减少果农的农药施用量，Khan（2015）也验证了此结果。Catherine等（2014）、侯博等（2014）指出培训会不同程度地降低农户过量施用农药和施用高毒农药的风险。并且不同类型的农药施用知识与技能培训对农户农药选择、农药施用频率以及农药施用量的影响不同（王建华等，2014）。在注重对种植者生产培训的同时，对于农药零售商的培训与管理也至关重要（左两军等，2013）。三是政府的减税、补贴等激励政策促进农药安全施用。政府通过培训和宣传教育的政策可减少农药施用量，然而要实现更高的减少量则需配合其他激励政策，如税收和补贴政策或其他更为有力的监管政策（Jacquet，2011）。Shumway和Chesser（1994）通过对美国得克萨斯州农户的种植行为的研究表明，对农药征收从价税可以大幅降低农药用量。因为减税、补贴等可以影响农产品价格及农药价格，进而对降低农业生产者不合理选择农药类型和用量的风险起到一定的改善作用（侯建昀等，2014），另外对生物农药的价格补贴会影响农户农药选择（王志刚等，2012）。而Therdor等（2012）对荷兰经济作物的研究则表明，补贴和税收政策并不能有效降低农户使用高毒农药的频率，但农药配额政策对削减高毒农药施用量具有显著作用。也有学者指出政府组织施药培训、对生物农药施用给予补贴等，对于农户是否施用农药、是否考虑安全间隔期以及是否重视农药残留有较好的引导作用，但在控制农户过量施药行为上作用较为有限（王建华等，2015），对种植户施用生物农药意愿的驱动不足（朱淀等，2014）。面对复杂多元的被监管对象，有限的政府监管力量无法做到面面俱到，如何定位政府在农产品安全监管的职能，就成为发挥政府监管作用的关键（Roberts，et al.，1989），秦富等（2003）认为各管理部门要明确责任和分工，按照国家授权的原则监督农产品生产。具体而言，提高生产者的质量安全生产能力与激发生产者的质量安全生产动力，是政府在农产品质量安全供给中的两项重要工作（王玉环等，2005），考虑到监管成本高昂和监管能力有限，有必要建立一个由政府和社会力量协调配合、共同行动的联合监管系统（Carcia，et al.，2007），建立弹性、动态监管策略，集中监管权限，减少监管部门数量，降低协调难度，从而避免生产者机会主义行为（颜海娜等，2009；刘小峰等，2010）。

第三节 评述与小结

近年来国内外对农药安全施用问题研究越来越多，相关研究理论、方式和技术不断完善，研究视角特别是国外学者的研究视角更加全面和深入，从理论构建到实践分析比较系统地对农药安全施用行为作了探讨。已有研究整理发现，国内外研究相关理论已比较成熟，研究理论方面，从农户计划行为理论、成本收益理论、信息不对称理论、政府规制理论等视角对农药安全施用进行了研究，在本书研究也借鉴了这些成熟理论，来讨论各影响变量对农药安全施用的作用机理；研究区域方面，从宏观和微观尺度对区域差异性和个体异质性行为进行了分析；影响要素方面，对农户施药行为影响要素的研究主要集中在农户个体特征、家庭特征、投入生产要素、地域特征、销售行为、组织形式、政府规制等方面，这些研究成果也为本书研究提供了验证依据，并且在专用性资产分类和划界、变量选择、作用机理分析等方面的深层次研究给予启示；保障机制方面，主要集中在政府监督检查、补贴—税收、专项保险、技术培训及推广等方面。因此，这些研究对本书有着极为重要的参考价值，但是现有文献并非面面俱到，仍存在一些不完善之处：

第一，已有文献在农药安全施用的影响因素研究方面主要集中在农户特征、要素禀赋特征、组织、规制等方面，且研究结果存在差异化，而鲜有从资产专用性视角对农药安全施用行为的研究。缺少从资产专用性视角的理论和实证分析，深入研究多维度下资产专用性、不确定性、交易频率、组织及政府规制等多方因素对农药安全施用行为的影响，将在本书中加以探讨。

第二，农药安全施用行为受到农户、市场、政府及社会多方控制，而目前研究基本都是从单方面进行研究，缺乏从双方或多方角度通过理论和实证分析农药安全施用行为；同时已有研究多从消费者需求意愿和消费行为角度分析，而较为系统地从市场需求倒逼农药安全施用的研究相对较少；市场和社会对安全约束效应能够有效解决政府失灵和降低监管成本，但对其研究相对较少。而本书将会从"农户—组织—市场—政府"四维角度出发分析农药安全施用。

第三，对于安全生产行为及认证行为特征差异性研究主要集中于点或面上，即农户个体差异性或区域间差异性，而缺少点（农户）与点、点与面（市场）上的研究。本书将从理论和实证角度分析农药安全施用中点与点、点与面的内在逻辑关系。

鉴于此，本书将立足于前人的研究成果，基于农户内部资产专用性和外部需求驱动探讨两者单独及交互效应对农药安全施用影响的相关机理，构建从"农户—组织—政府—市场"四维角度的理论分析框架，同时将安全生产链上的农户与市场连接起来研究，分析其空间特征及作用机理。然后，基于四川省的调查数据及县域层面统计数据，采用实证方法分析资产专用性、需求驱动及其交互效应对农药安全施用的影响。根据理论和实证分析结果，最后针对性提出相关对策建议，以期对农户安全生产行为控制的理论逻辑和四川省乃至全国农药安全施用行为研究做出有益探索。

第三章

农药安全施用行为研究框架

农药安全施用受到多方内外部因素影响，异质化农户使施药行为复杂多变，可能发生"政府失灵"和"市场失灵"，不确定性使农户容易产生机会主义行为，最终使农产品安全受到威胁。为更好控制农户施药行为，从内部自我控制到外部市场约束、政府规制出发，一"产"一"管"来解决农药残留问题，不仅需要在现实技术、管理中加以重视，也亟须在理论机制中予以破解。因此，本章首先针对本书研究重新界定相关概念，其次对研究中涉及的理论进行详细论述，并讨论如何运用到农药安全施用研究中，最后从理论层面阐释资产专用型、需求驱动及两者交互作用对农药安全施用的影响机理，并对基于作用机理架构数理推导模型，为后文实证分析奠定理论基础。

第一节 资产专用性对农药安全施用
影响的作用机理

交易成本经济学认为不同特性的交易应当适用不同的治理机制，而影响治理模式的因素主要有三个维度：资产专用性、不确定性和交易频率，不同维度对应着不同的契约类型治理结构。农户的知觉行为控制、行为目标、行为态度和主管规范能够规范农户施药行为（王建华等，2016），而交易成本直接影响农户的行为态度和行为选择。本书探讨农户资产专用性、不确定性和交易频率三个方面对农药安全施用行为的影响机理及其实证检验。农户资产专用性通过农户土地契约选择、机会成本、农业垂直一体化选择、自我履约能力影响农药安全施用行为，具体影响机理分析在资产专用性理论中已作详细讨论，本节通过构建专用性资产对最优农药施用量的数理关系来分析两者作用机理。

一　资产专用性对农药安全施用影响的数理推导

农药作为现代农业生产的主要投入要素之一，农药本身并不能直接增加农产品潜在产量，而是通过控制入侵病虫害的影响，保障农产品产量，在一定程度上也能够延长产品保存期限，保证农产品市场中的供给，提高农户的收益和消费者的福利（Cooper, et al., 2007）。同时农药使用具有负外部性，一方面未被充分利用的农药通过土壤、地下水造成农业生产环境污染，另一方面通过农药残留形成食品安全和健康风险等问题（Pimente, et al., 1992；Wilson, et al., 2001）。Hall 等（1973）和 Talpaz 等（1974）最早提出将农药等生产要素引入农业生产函数中，并提出 Damage - abatement 生产函数概念，此后 Fox 和 Weersink（1995）等又对此生产函数的具体形式进行了整理和解释。借鉴王常伟和顾海英（2013）构建的 Damage - abatement 生产函数，构建 Damage - abatement 生产函数来讨论农药施用量选择，具体如下。

农药品种主要以杀虫剂、杀菌剂、除草剂和植物生长调节剂为主，针对不同作物品种、不同地区、不同时节施用的种类也不同。以杀虫剂为例构建 damage - abatement 生产函数，讨论农药最优施用量。农药对农产品产量的影响可以分为两个阶段：首先，农药的施用对害虫数量产生影响，其次，害虫数量的减少对实际产量造成影响。假设在没有农药控制条件下害虫数量为 Z_0，农药的投入量为 T，并以 $C(T)$ 的形式对害虫数量造成影响，并假设 $\partial C(T)/\partial T > 0$，即害虫数量随农药施用量增加而减少，则害虫控制函数可以表示为：

$$Z = Z_0[1 - C(T)] \qquad\qquad (3-1)$$

从式（3-1）可以看出，当 $C(T) = 1$ 时，$Z = 0$，即当农药投入量足够大时，害虫数量为 0，当 $C(T)=0$ 时，$Z=Z_0$，即在没有农药投入的条件下害虫数量为 Z_0。在第二阶段，假设农产品实际产量为 Q，潜在产量为 Q_0。农业生产中农户会投入专用性资产和其他生产要素，其中专用性资产包括物质专用性资产、技术专用性资产、关系资产专用性资产、机械专用性资产、组织专用性资产、人力专用性资产、地理专用性资产，每项资产专用性要素都会形成一定的价值，分别记为 R_{a_1}，R_{a_2}，$\cdots$，R_{a_7}。农户的专用性资产和农业生产所必需的其他生产要素共同影响农产品产量，假设其他要素正常投入为 X，产品的潜在产量可以表示为 $Q_0=Q(R_{a_1}, R_{a_2}, \cdots, R_{a_7}; X)$。假设 δ 为产量受害虫影响的比例，$\delta\in[0, Q_0]$，害虫以 $D(Z)$ 的形式对产量造成影响，则损失函数可以表示为：

$$Q=(1-\delta)Q_0+\delta Q_0[1-D(Z)] \tag{3-2}$$

式（3-2）中假设 $\partial D(Z)/\partial Z>0$，并且当 $Z=0$ 时，$D(Z)=0$，此时 $Q=Q_0$，在仅考虑害虫影响条件下，实际产量达到潜在最大水平，当 Z 足够大时，$D(Z)=1$，则 $Q=(1-\delta)Q_0$，由于害虫造成了 δ 比例潜在产量的完全损失，此时实际产量为最低水平。由式（3-1）、式（3-2）整理可得：

$$Q=(1-\delta)Q(R_{a_1}, R_{a_2}, \cdots, R_{a_7}; X)+\delta Q(R_{a_1}, R_{a_2}, \cdots, R_{a_7};$$
$$X)(1-D\{Z_0[1-C(T)]\}) \tag{3-3}$$

式（3-3）即为含有农药投入要素的 Damage-abatement 生产函数。

因农户异质性产生的农药认知、施用行为及效果差异性，从而引起农药对害虫数量影响程度 $C(T)$ 的不同，由此引入个体认知差异性因素，即为 $C_i(T)$，其中 i 表示第 i 个农户个体。则式（3-3）变为：

$$Q=(1-\delta)Q(R_{a_1}, R_{a_2}, \cdots, R_{a_7}; X)+\delta Q(R_{a_1}, R_{a_2}, \cdots, R_{a_7};$$
$$X)(1-D\{Z_0[1-C_i(T)]\}) \tag{3-4}$$

假设农产品价格为 p，农药投入 Z 的价格为 r，其他要素 X 的价格标准化为 w，则农户的利润可以表示为：

$$U=pQ-wX-rT \tag{3-5}$$

首先，假设农产品的价格不受农药施用的影响，此时 p 为外生变量，为获得农户利润最大值，将式（3-4）代入式（3-5）并对农药施用量 T 进行一阶求导，可得农户最优农药施用量的决策条件：

$$p\delta Q(R_{a_1}, R_{a_2}, \cdots, R_{a_7}; X)Z_0 D\{Z_0[C_i(T)]\} = r \qquad (3-6)$$

由式（3-6）可知，当农药投入的边际收益等于农药价格时，农药投入量达到最优值。为进一步求得最优农药施用量的显示解，在此借鉴 Fox 和 Weersink（1995）Exponential 形式 $1-\exp(-mT)$，则损失减少函数 $G_i(T) = 1-\exp(-m_iT)$，其中，m_i 表示第 i 个农户对农药施用效果的异质性认知，可得 $\partial G_i(T)/\partial m_i > 0$，$G_i(T)$ 与 m_i 呈正相关关系，当 m_i 越大，则该农户对目前施药方式下的药效越信任，越小则会偏向于风险规避。实际研究中学者们常令 $G_i(T) = 1-D\{Z_0[1-C(T)]\}$，将其代入式（3-6）中，可得最优农药施用量如下：

$$T^* = [\ln\delta\, m_i p Q(R_{a_1}, R_{a_2}, \cdots, R_{a_7}; X) - \ln r]/m_i \qquad (3-7)$$

由式（3-7）可知，最优农药施用量与产量受害虫影响比例 δ、农产品产量 $Q(R_{a_1}, R_{a_2}, \cdots, R_{a_7}; X)$、农产品价格 p 及农户对农药效果认知 m_i 成正比，与农药自身价格 r 成反比。魏欣和李世平（2012）研究也指出蔬菜价格越高则会促进农药施用量。农产品产量与专用性资产价值 R_{a_i} 和其他要素价格 w 关系存在不确定性。

由上述分析可得，农产品产量受农药影响的程度越大，农产品价格越高，农药价格越低，则农户对规范施用条件下农药越不信任，风险规避倾向越大，农户会选择增加农药施用量来提高产量。

式（3-6）中是以假设农产品价格是外生为条件的，但随着消费者对农产品安全需求的提高，对农药残留关注越来越强，为促进农产品产业安全，实施了"三品一标"工程，保证优质优价。价格反映的是农产品的质量安全，但由于质量安全是一个典型的内生变量（Braeutigam, et al., 1986; Gertler, et al., 1992）。因此，应考虑农产品价格为内生变量，会受到农药残留的影响，而农药残留直接取决于农药施用量，当农药施用量越少则农产品相对越安全，其价格也相应会越高。假设农产品价格为 $P(T)$，此时农户的利润为：

$$U = (1-\delta)Q(R_{a_1}, R_{a_2}, \cdots, R_{a_7}; X)P(T) + \delta Q(R_{a_1}, R_{a_2}, \cdots,$$

$$R_{a_7}; X)(1 - D\{Z_0[1 - C_i(T)]\})P(T) - wX - rT \qquad (3-8)$$

为求得最优施用量，将式（3－8）对农药施用量 T 进行一阶求导，结果如下：

$$(1 - \delta)Q(R_{a_1}, R_{a_2}, \cdots, R_{a_7}; X)\frac{\partial P(T)}{\partial T} + \delta Q(R_{a_1}, R_{a_2}, \cdots,$$

$$R_{a_7}; X)(1 - D\{Z_0[1 - C_i(T)]\})\frac{\partial P(T)}{\partial T} = r \qquad (3-9)$$

式（3－9）中农药施用量受到与产量受害虫影响比例、农产品产量、生产投入的专用性资产价值、其他要素投入、农产品价格及农户对农药效果认知、农药价格等多因素影响，且多为内生变量，无法准确测度和衡量其相关性。故需要采取较为复杂的潜变量模型来进行参数估计，可通过构建多元回归模型进行解释。

二　资产专用性对农药安全施用影响机理分析

根据已有研究发现，因专用性资产价值无法准确测度，本书将农户是否拥有某项专用性资产来研究资产专用性对农药安全施用行为影响，那么可以根据式（3－9）构建专用性资产对施药行为的多元回归模型。表3－1为专用性资产对农产品产量影响的相关研究，发现不同专用性资产对产量或绩效影响方向存在差别，并且同类专用性资产对产量影响结果存在差异。

表3－1　　专用性资产要素对农产品产量影响方向初步判定及相关研究参考

专用性资产	影响方向	对农业产出相关因素的研究
物质专用性资产	+／-	基础设施存量及类型投入（曾福生等，2015；朱晶等，2016），农业设施（李燕等，2017）等
技术专用性资产	+	农业技术（陈锡文，2011），经营年限（陈诗波，2009），技术成果转化水平（陈建梅，2009）等
社会资本专用性资产	+／-	农业信贷资源（周小斌等，2003）等
机械专用性资产	+	农业机械投入（罗红旗，2007），农业机械化程度（冯启磊等，2010；罗发友，2002），机械总动力（陈建梅，2009）等

续表

专用性资产	影响方向	对农业产出相关因素的研究
组织专用性资产	+/-	农业产业组织（汪爱娥等，2014），生产经营组织（安海燕等，2014）等
人力专用性资产	+/-	人力资本（张本飞，2010），农民受教育程度（冯启磊等，2010；罗发友，2002）等
地理专用性资产	+/-	地区差异（薛娇贤，2016），农地产权（马贤磊，2010；李宁等，2017），土地特征（胡初枝等，2007）等

  专用性资产对农药安全施用行为的作用机理已在前文资产专用性理论部分详细论述，专用性资产对农药安全施用的影响主要通过土地契约选择、专用性资产机会成本、农业垂直一体化选择和自我履约等途径。资产专用性对农药安全施用的影响机理见图 3-1。

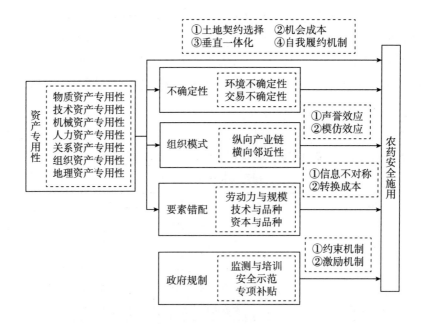

图 3-1 资产专用性对农药安全施用行为影响作用机理

  物质专用性资产投入因存在较高的"沉淀成本"和较长回收期，

存在强"锁定效应"和高转换成本，且土地契约一般较长，可能因短期利益而造成农药施用风险，也可能因长期利益关注农药施用风险。物质资产专用性前期投入较大，且回收期长，如水果、茶叶等，受融资约束农户和风险承受度低的农户为了追求当期收益最大化，偏向于施用不安全农药，或不考虑安全间隔期。但也存在具有长远眼光和注重质量安全的农户会选择农药安全施用，甚至使用生物防治或物理防治。同时物质资产专用性投资都存在高"锁定效应"，一旦"锁定"在某项作物上，其他用途会受到限制，同时会附带更多相关投入，从而产生较高的"沉淀成本"和转换成本，承受种植风险和市场风险较大，资本丰裕者和风险偏好者农户会更加注重长期受益。因而，农户为避免投资形成资产专用性及其锁定效应，往往租赁耕地种植一年期内能收获的作物，如水稻、蔬菜、甜菜等；相反在自家耕地上偏向于种植那些多年生果树，如坚果、橘子、梨等（Klein, et al., 1978）。

假说 3 - 1：物质专用性资产对农药安全施用的影响因农户个体异质性、作物异质性和地区差异而存在不确定性。

技术专用性资产因专有技术的"锁定效应"和转换成本，促使农户改善农药安全施用行为。技术专用性资产指农户所具备的专营某项农产品的种植技术，专项技术的"锁定效应"越强，农户对该项技术的依赖性越大。农户技术获得渠道主要包括自我经验积累和外部学习，外部学习渠道包括向他人（邻居、亲戚等）学习和参加培训（包括政府、企业、合作组织、科研机构等部门）。自我种植经验积累形成的成熟技术具有更强的"锁定效应"，不易受其他种植户行为干扰，"从干中学"（learning by doing）农户往往也具有更强的农药安全施用认知和行为。而"半路出家"农户主要通过"向他人学"（learning from others）来掌握种植技术，种植风险也偏高，存在急于求成心理，造成农药施用不合理、不科学，增加农药不安全概率。根据贝叶斯推断的原理，农户可以通过观察自家田地和邻居田地农产品往年售价、当期品质来不断地学习，逐渐地，农户选择农药的使用量与最优使用量的绝对差距越来越小，即存在"模仿效应"。在这个过程中，"从干中学"和"向他人学"一起促进农户更好地掌握农药安全施用技术，促进了技术扩散。培训可以有效减少农户过量施用农药，并且培训效果因农户基本特征的不同而不同（李昊等，2017）。

假说 3 - 2：技术专用性资产通过"从干中学"和"向他人学"一起促进农户改善农药安全施用行为。

社会资本专用性资产主要研究农户政治权利和乡土社会的声誉、人情和信任机制。政治权利包括家庭成员党员数量、村干部数量，反映家庭信息获取能力和谈判能力，政治权利越大，农户获得政策信息、市场信息越迅速和广泛，安全意识越强，针对市场中安全农产品价格优势会优先控制农药施用。另外在土地租赁中谈判能力较强，有助于其形成稳定长期契约，进而为安全生产投入降低沉淀风险。乡村中农户的声誉及相互间信任机制，有助于合约履行，尽管更多合约为非正式契约（口头或非完整契约），使缔约双方要么不设定合约期限，要么倾向于选择长期合约安排（钟文晶等，2014），促使农户在租赁土地上有意识考虑农药安全施用。

假说 3 - 3：社会资本专用性资产会因政治权利优势和声誉效应促使农药安全施用。

机械专用性资产能够提高农业生产效率，但同时存在较高"沉淀成本"，为降低其成本损失，农户会选择增加相关技术投入，实现要素最优配置，包括农药要素的投入。农户为提高农业生产效率，往往会进行相应的专用性投资：一种附着于土地上的农业设施投资，如灌溉设备、大棚设施等（Allen，et al.，1996）；另一种与经营规模和地块类型相匹配的农业生产工具或装备投资，比如农业机械、农药等。农业机械用途具有单一性，与土地、作物具有不可分割性的特点，互相依附才会发挥作用和价值，一旦剥离便会贬值，因而机械专用性资产会引致锁定效应，当农户调整种植结构时，面临较高的沉淀成本和转换成本。沉淀成本因缺乏流动性，一方面在结构调整中容易形成退出壁垒，另一方面强专用性易于被"敲竹杠"（项桂娥等，2005）。

假说 3 - 4：机械资产专用性程度不同，农户对其依附程度不同，进而引致农户施药行为产生差异。

组织专用性资产包括农户的横向合作组织和纵向供应链组织两

种，组织专用性资产发挥作用主要依靠契约关系。横向合作组织以合作社为主，目前我国合作社管理较为松散，形成的契约也多为隐性契约[1]，相对比纵向供应链的显性契约，后者联结关系更加紧密、规范和法制。前者主要依靠信誉机制约束，后者靠合同和法规约束，对于自我履约能力供应链组织具有更强的约束和激励效果。同时合作社组织存在溢出效应，组织成员可能拥有更多信息优势、技术优势、价格优势等；供应链组织形成的垂直一体化会降低交易费用，获得更稳定销售合约，但同时要注意因物质资产专用引致的"敲竹杠"或被"要挟"的风险。组织对安全农药的影响主要从以下几个方面分析，一是组织通过对安全生产标准、方法及相关政策宣传，强化农户对安全用药的认知和行为意识；二是组织对农产品的监测、检查等规制行为，促使农户安全用药，同时防范道德风险；三是组织对组织成员的技术培训、指导、管理和用药监管，部分实现统防统治及"六统一"[2]经营模式，降低不安全风险概率；四是组织的声誉效应及处罚力度，对于违约行为及不安全现象进行处罚，且处罚越严格，农户越倾向于安全生产。另外，合作社组织成员往往为同一村集体或相邻地区，因地理邻近、文化邻近、制度邻近、社会关系邻近和组织邻近，从而形成认知的邻近性和技术的邻近性，相互之间形成"模仿效应"，安全行为也会被发挥作用。因此，紧密的合作组织和供应链组织（特别是垂直一体化）会加强农户自我履约，从而按照合约要求进行施药。

假说 3 - 5：组织专用性资产因其本身组织效应强弱，对农药安全施用的约束或激励水平也存在差别。

人力专用性资产主要包括农户受教育程度、务农劳动力人数及其

---

① 隐性契约关系是指企业、中介组织和农户在产权上是相互独立的经济实体，合作双方和多方依靠信誉、风俗习惯、地域关系以及其他社会关系建立和维持的一种经济合作关系。显性契约关系是指农业经营各主体在平等、自愿、互利的前提下，通过各种合同契约的联结而形成的一种合作关系。

② 合作社"六统一"经营模式包括统一种苗、统一农资、统一培训、统一管理、统一收购、统一加工。

兼业情况，从人力数量和质量两个方面影响农户施药行为。因要素间存在替代性，技术进步对劳动力替代性越来越强，随着农户年龄增加，种植经验逐渐丰富，已掌握更成熟的种植知识、技能，经营管理优势相对明显，会科学合理施用农药；农户的受教育程度越高，其知识水平和学习能力更强，对于拥有非农技能且获得非农工作的农户而言，从事农业生产可能面临较高的机会成本，会倾向于减少配置于农业生产方面的劳动力要素和生产资料（陈江华等，2017），若长期从事农业生产转换工种的机会成本和困难程度相对较大（林文声等，2016），会形成自我生产和投入习惯；劳动力数量对农药如除草剂存在替代性，若务农劳动力数量充足，采取人工除草会显著降低农药残留。

假说3-6：农户人力专用性资产会形成对农药的要素替代或互补，进而影响农药施用。

地理专用性资产包括土地规模、地块类型、市场交通条件等，因土地具有不可移动性，地理区位优势、交通条件便利的农地具有天然的专用性资产属性（肖文韬，2004）。若地形条件利于规模化经营和机械化作业，使农户经营边际成本降低，可能促进其使用效率更高的机械方式施药，利于施药行为标准化和安全性；市场交通条件越便利，运输物流成本越低，农户越偏向于在交易市场交易，更易获得市场信息和安全信息，占据谈判主动权，若市场中能够保证优质优价，则会反过来诱导采取安全生产行为。

假说3-7：地理专用性资产的差异性导致农药安全施用也不同。

三　不确定性对农药安全施用的影响机理

威廉姆森（Williamson，1985）指出"要理解交易成本经济学问题，最重要的是要认识到，人们的行为是不确定的"。农产品质量安全主要由两类不确定性因素造成：一是交易方机会主义行为不确定性；二是客观环境不确定性（陈梅等，2015）。本书所述的不确定性也即为客观环境产生的不确定性和种植机会主义产生的不确定性，前者包括农户家庭经营耕地地势、灌溉水方便程度，后者交易不确定性包括渠道不确定性、合同不稳定性。一方面是客观环境产生的不确定性会影响农户的农药安全施用行为。农产品的生产过程中存在极大的不确定，主要源于生物性污染、本底性污染、物理性污染、化学性污染四大污染源（丛原，2004）。例如镉大米事件、烂果门事件。因不同地区耕地质量、气候等自然因素差异，导致病虫侵害和损失程度不同，而且不同作物种植土壤要求不同，如旱地、田地、园地、林地差异明显，具体影响方向和程度需要通过测度获知。如邢新丽等（2009）以成都经济区为例研究地形对有机氯农药分布的影响，发现平原区土壤中有机氯农药高于丘陵区。另外不同地区农户的风险偏好不同，也会造成种植投入存在差别（熊鹰等，2018）。两者共同因耕地环境不确定而造成农药安全施用风险，主要是由于自然环境和主观认知造成的。

另一方面交易不确定性容易引起机会主义行为，造成农药安全施用不确定。由于农产品质量标准的不确定性、质量检测的困难、检测技术的薄弱以及检测成本的昂贵，为了谋取私利，种植户会钻监管和检测的空子，实施非道德或有限道德，甚至非法行为，如蔬菜、水果种植中喷施违禁农药，或不考虑安全间隔期等。主要原因如下：一是交易环境的封闭性，因市场信息不对称导致的不安全行为。因市场距离较远，农产品多为田间出售，市场环境相对封闭，多为一次性交易或临时性交易。加之农产品的很多品质特征无法直接观测，甚至是不能直接检测出的，而收购商贩对农产品质量检测也存在缺失或不严格，所以相对于消费者或食品加工企业而言，种植户一般拥有更多的信息优势，往往可以由此在交易合同签订中占据有利地位而获取更多利益，而消费者则可能因此无法准确获知有关农产品质量安全信息，加上"柠檬效应"存在，进一步诱致种植户生产过程中使用不安全技术，如过量使用农药、不考虑安全间隔期等不确定性行为，最终导致"劣币驱逐良币"，优质不一定优价。Vakis 等（2003）、Maltsoglou 和 Tanyeri - Abur（2005）研究也指出运输距离、市场信息获得难易程度和实施监督成本会显著影响农户市场参与程度，进而干扰生产行为；郭亮（2015）的研究也指出交易地点远近、交易结算方式对农户履约行为有显著影响。二是因交易契约的不稳定性，造成"败德行为"。

合同履行阶段发生的交易成本主要是由种植户"敲竹杠"或道德风险问题引起的调适成本，农户可能为实现更多利益，不惜损害对方利益寻求自利行为，包括欺骗、违约、"敲竹杠"等，从而实施不安全施药。总之，客观环境产生的不确定性和种植机会主义产生的不确定性诱致农户不安全使用农药，最终市场上农产品优质不一定优价，出现"柠檬效应"。但处于不同发展阶段的农户，其抵御风险的能力不同，面临的不确定性也有所不同，随着技术运用和制度完善，农业发展过程实际上也会变成不断减少不确定性的过程（樊祥成，2017）。

假说3-8：客观环境不确定性和种植机会主义不确定性都会对农药安全施用产生影响，且在不同地区存在差异性。

第二节　需求驱动对农药安全施用影响的作用机理

农户施药行为除受到资产专用性及其他特征影响外，还受到需求驱动和政府规制的影响。农产品安全、营养、环保是消费者消费安全农产品的主要动机（唐学玉等，2010），且对安全农产品消费存在规模效应（欧阳峣等，2016），而城乡人口、收入水平、安全认知是影响安全农产品消费的主要因素（马骥等，2009；任建超等，2013；叶海燕，2014；王承国等，2017）。需求驱动对农药安全施用的影响机理见图2-5，可知需求驱动从需求能力、价格溢出、交易方式三个主要路径对农药安全施用产生影响。一是需求能力包括市场需求容量和消费者购买能力，反映了城乡居民对安全农产品的消费能力，并且市场将农产品根据安全性进行分类和定价，当消费能力越强，安全农产品份额越高，进而倒逼农户改善施药行为。二是价格溢出测度农产品安全价值溢出效应，以产地与消费市场的空间距离和经济距离表示。安全信号通过市场传递到消费者，若信息对称、交易成本低且不存在以次充好现象，市场选择和分类效应能够突出安全价格，若安全价格溢出越大，则农户会偏向性安全投入，以获得更多收益。研究也证明了价格会影响农户过量施药行为（姜健等，2017）。三是交易方式主要包括销售方式选择和合约稳定性。若选择垂直一体化销售模式，上下游联结相对紧密，能够有效进行安全控制；若销售渠道稳定，合约稳定，则会因声誉效应和高违约成本，促使农户实施农药安全施用行为，尤其是规模大户或专业合作组织。但实际生产中，因信息不对称和交易成本原因，往往市场中优价不能体现优质，存在逆向选择或"搭便车"行为，造成消费者对安全农产品，特别是"三品一标"等安全认证农产品的消费信心和支付意愿降低。因为消费者在购买农产品时，其颜色、大小、光泽、形状等质量特征能够凭直觉或以往经验做出判断和选择，农产品的新鲜程度、口感、味道特征等方面信息则必须在消费以后才能获得，而安全、营养水平方面的信息即使在农产品消费后也不能准确获得，必须借助专业的检测之后才能做出客观评价，这就需要消费者付出额外成本，农户与消费者之间的信息不对称造成了农产品质量安全的市场失灵（王庆，2011）。若不加以其他管制，"市场失灵"的负面效应会恶性累加，为增加收益而不顾农药安全，最终导致市场充斥着劣质商品，降低生产者收入水平和消费者的福利水平。因而造成了目前常见于小规模农户的"一

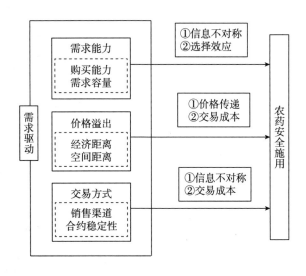

图 3 - 2 需求驱动对农药安全施用影响机理

家两制"[1] 现象，主要是由于小规模农户，市场应变能力弱，非理性成分高，放大了农产品供给的蛛网模型（李岳云等，1999）。也有研究从理论对此证明，农户预期参与市场（出售或购买）获得的市场剩余（生产者剩余或消费者剩余）对可变交易成本的补偿程度，是农户相机抉择出售农产品、自给自足抑或购买农产品的依据（侯建昀等，2014）。

农药施用一方面可以保障农产品产量，给农户带来正收益；另一方面会影响农产品质量安全进而降低产品价格，给农户带来负收益（姜健等，2017）。因此，假如农户主观认为农药可以保证更高产量，则可能会增加农药施用量；假如市场可以有效区分农药施用量不同造成的农产品质量高低，农户则认为农药会降低农产品价格，会倾向于减少农药施用量。市场收益或市场价格对农户施药量选择行为会产生内在影响，即农产品价格会受到农药施用量影响。质量安全则认定为内生性变量，借鉴 Antle（1988，2000）提出的研究思路，构建考虑质量安全的需求函数和供给函数。从而得到农产品的潜在需求函数，需求量受到农产品供给侧的价格、品质、安全及需求侧因素影响，具体表达式如下：

$$D_0 = D(P, q, S, Z) \tag{3-10}$$

式（3 - 10）中 P 为农产品供给价格，即 $P = P(T)$，q 为农产品品质，S 为农产品安全，且与农药施用量直接相关，即 $S = S(T)$，Z 为影响需求因素，具体为市场购买能力（K_{D_1}）、需求容量（K_{D_2}）、交易成本（K_{D_3}）、销售方式（K_{D_4}）的函数，即为 $Z = Z(K_{D_1}, K_{D_2}, K_{D_3}, K_{D_4})$。那么式（3 - 10）可以整理为：

$$D_0 = D[P(T), q, S(T), Z(K_{D_1}, K_{D_2}, K_{D_3}, K_{D_4})] \tag{3-11}$$

基于农户角度，农药施用决策为：

---

[1] "一家两制"现象又可分为消费型农户和利润型农户，徐玉婷和杨钢桥（2011）研究指出相对消费型农户而言，利润型农户的总投入水平较高，依据其生产目标决定其投入行为，其中消费型农户与市场联系不太紧密，依据家庭消费需求进行生产投入决策，而利润型农户与市场联系非常紧密，追求利润最大化，会按照市场行情进行生产投入决策。因而不同类型农户会根据生产目标而决定农药安全施用行为。

$$T = argmax (1 - \delta) Q (R_{a_1}, R_{a_2}, \cdots, R_{a_7}; X) P(T) + \delta Q (R_{a_1},$$
$$R_{a_2}, \cdots, R_{a_7}; X) (1 - D \{Z_0 [1 - C_i(T)]\}) P(T) - wX - rT \qquad (3-12)$$

最优决策的一阶条件为：

$$[(1 - \delta) Q (R_{a_1}, R_{a_2}, \cdots, R_{a_7}; X) + \delta Q (R_{a_1}, R_{a_2}, \cdots, R_{a_7}; X)$$
$$(1 - D \{Z_0 [1 - C_i(T)]\})] \frac{\partial P(T)}{\partial T} + \delta Q (R_{a_1}, R_{a_2}, \cdots, R_{a_7}; X) (1 - D \{$$
$$Z_0 [1 - C_i(T)]\}) = r \qquad (3-13)$$

式（3-13）中 $[(1 - \delta) Q (R_{a_1}, R_{a_2}, \cdots, R_{a_7}; X) + \delta Q (R_{a_1},$ $R_{a_2}, \cdots, R_{a_7}; X) (1 - D \{Z_0 [1 - C_i(T)]\})] \frac{\partial P(T)}{\partial T}$ 是由于农产品价格波动导致的农药投入边际收益变动部分，因 $\frac{\partial P(T)}{\partial T} < 0$，故此部分对农药投入的边际收益的作用为负；$\delta Q (R_{a_1}, R_{a_2}, \cdots, R_{a_7}; X) (1 - D \{Z_0 [1 - C_i(T)]\})$ 是由于农产品产量造成的农药投入边际收益变动部分，此部分对农药投入边际收益的作用为正。借鉴王常伟等（2013）和姜健等（2017）的研究思路，以 $[(1 - \delta) Q (R_{a_1}, R_{a_2}, \cdots, R_{a_7};$ $X) + \delta Q (R_{a_1}, R_{a_2}, \cdots, R_{a_7}; X) (1 - D \{Z_0 [1 - C_i(T)]\})] \frac{\partial P(T)}{\partial T}$ 部分为例，其对最优农药施用量的影响可用图 3-3 表示。

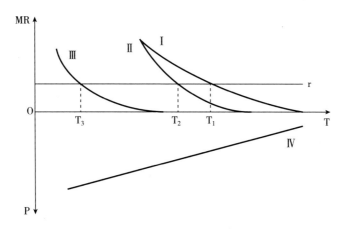

图 3-3　内生农产品价格下的农药最优施用量

曲线Ⅰ表示农产品价格不受施用量影响时农药投入的边际收益变动情况，此时最优农药施用量为 Q_1；曲线Ⅱ表示当农产品价格受农药施用量影响、价格变动作用于 $\delta Q(R_{a_1}, R_{a_2}, \cdots, R_{a_7}; X)(1 - D\{Z_0 [1 - C_i(T)]\})$ 部分时对农药投入边际收益的影响，此时最优农药施用量为 Q_2；曲线Ⅲ表示农产品价格受到施用量影响，价格变动作用于 $(1 - \delta)Q(R_{a_1}, R_{a_2}, \cdots, R_{a_7}; X)$ 部分时对农药投入边际收益的影响，此时最优农药施用量为 Q_3；曲线Ⅳ表示农药施用量对农产品价格的影响曲线。从中可知，农产品价格受到农药施用量的影响。农户作为有限理性人，在受到市场价格激励后施药量最终处于动态均衡，其最优施药量最终体现为利他行为，利他行为过程也是促使行为主体规范内化的过程（牛贺，2017），即农药安全施用的利他行为将会促使市场中农产品整体的静态和动态安全。

由式（3-11）和式（3-13）可知，从市场需求和农户供给两个方面都验证了农户施药量与农产品价格相关。农药施用量受到市场购买能力、需求容量、交易成本、销售方式、农产品价格及农户对农药效果认知、农药价格等因素影响，且都无法准确测度和衡量其相关性。故需要采取较为复杂的潜变量模型来进行参数估计，可通过构建多元回归模型进行解释。

假说3-9：市场对安全农产品的购买能力包括城镇居民人均可支配收入和城镇非私营单位职工工资，购买能力越强，农户越注重农药安全施用。

假说3-10：市场对安全农产品需求容量包括城镇化率和社会消费品零售总额，需求容量越大，农户越偏向于农药安全施用。

假说3-11：安全农产品价格溢出水平用生产地与消费地间的空间距离和经济距离表示，价格溢出越高，农户越偏向于农药安全施用。

假说3-12：交易方式不同则农药安全施用行为也不同，紧密型交易方式对农药安全施用具有强约束效果。

第三节 专用性资产与需求驱动交互效应对农药安全施用影响的作用机理

专用性资产具有有限的可重新调配性（Williamson，1985），专用性资产投资一旦做出之后，若再改做其他用途就可能丧失全部或部分原有价值，且丧失的价值是不可弥补的。首先，在相对封闭的生产和市场环境内，资产专用性限制了作物结构调整、技术信息更广泛交流和提升、农机社会化服务开展，助长了社会资本的超额效应，进而导致施药行为的盲目性、自主性和随意性，成为农产品不安全的主要潜在诱因。这种内部性问题的根本原因是生产与市场的信息不对称，这里的信息包括产品需求结构、产品需求规模、产品需求品质、产品价格等级、产品生产技术等，这时需要发挥市场效应，从需求角度来驱动供给侧改革，需求侧主要考虑需求规模容量、市场购买能力、产品价格溢出程度、销售渠道等方面，安全需求信号通过市场传送到生产方，农户通过需求信息调整种植结构，通过价格激励促使农户生产安全农产品，在不断深入市场的过程中，农户会结识同行和相似行业经营主体、新品种、新技术等信息，安全生产技术信息得以在更广泛空间和人群中交流，适宜性技术得到推广和运用，进而促进整个产业的安全生产。其次，资产专用性越高越容易获得超额利润（Hart，et al.，1990），同时也往往面临更高的经营风险（李青原等，2007），而生产安全农产品的农户往往具有更高的专用性资产。因资产专用性"沉淀成本"较高，当资产专用性程度上升到一定程度后，对某一经营农产品的高度依赖性使农户在面对外部环境突变时，难以有效化解巨大的经营风险。而这种经营风险主要诱因是市场信息不对称和生产主体的要素错配。市场信息不对称是市场规模、结构、品质等信息缺失，造成因供需失衡导致的价格波动；生产经营主体的要素错配主要表现为劳动力与经营规模的错配、技术与经营品种的错配、资本与经营品种及规模的错配，要素错配导致农户经营存在"顾头不顾尾"

"人生路不熟""拆东墙补西墙"情形，要素禀赋不足导致要素替代发生，劳动力不足诱使农户使用除草剂、生长调节剂等，技术不足诱使农户未按标准施用农药和未考虑不同农药安全间隔期，造成增加用错药、施药次数、施药剂量等不安全行为，资本不足诱使农户购买低价低质农药，而低价低质农药多是高残高毒农药，甚至违禁农药。对因安全生产而形成的高专用性资产农户应充分考虑市场需求信息，通过需求信息来实现结构调整和技术选择从而实现降低经营风险。实际生产中为追求利润最大化，在关注因要素禀赋劣势导致的错配和不安全行为的同时，也要考虑因要素拥挤①导致的效率低下问题。

因此，需求驱动是影响农户根据资产专用性动态调整安全生产行为和降低经营风险的"强化剂"，作为一种外部治理机制，需求驱动通过安全农产品市场价格信息以及市场竞争给农户带来经营压力和亏损威胁，市场发挥着监督、约束和激励效果，使农户形成"信息传递—价格传导—预期形成—生产决策"的安全生产过程。限定其他变量保持不变时，随着农户资产专用性和需求驱动增强，农户的安全生产行为会得到修复和改进，当信息不对称进一步改善，农户的安全生产行为会促进整个产业安全。综上所述，提出假说3-13。

假说3-13：需求驱动会促进农户专用性资产投入和调整，农户的安全生产行为会得到修复和改进，随着不确定性和信息不对称逐步改善。

第四节　研究框架

基于以上资产专用性、需求驱动及两者交互效应对农药安全施用作用机理，得到本书研究的逻辑分析框架，如图3-4所示。资产专

---

① 要素拥挤定义：当一种或多种投入要素减少会引起一种或多种产出增加，同时没有使其他投入和产出变坏；或者反过来，当增加一种或多种投入要素时会引起一种或多种产出减少，同时没有使其他投入产出有任何改善的状态（Brockett et al., 1998）。

用性一方面直接作用于农药安全施用，路径包括土地契约选择、机会成本、农业垂直一体化选择、自我履约能力等，其中物质资产专用性通过强"锁定效应"、高转换成本和长期稳定土地契约来影响安全施药，技术资产专用性通过"从干中学"和"向他人学"中提高安全施药技术，组织资产专用性通过横向合作经营和纵向产业链组织的契约关系改进农药安全施用，人力资产专用性通过农药要素的替代或互补来影响安全施药行为，关系资产专用性通过政治权利优势和身份效应促进农药安全施用，地理资产专用性因其异质性导致对安全施药影响不同。同时信息不对称也会影响专用性资产投入和配置，进而作用农药安全施用。另一方面资产专用性通过不确定性、组织模式和要素错配间接影响农药安全施用。

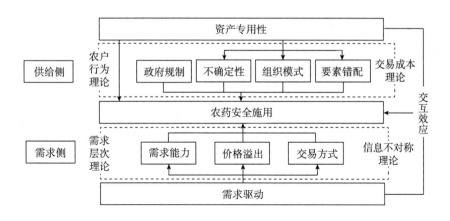

图 3-4 资产专用性、需求驱动与农药安全施用的逻辑分析框架

　　需求驱动对农药安全施用影响的主要路径包括需求容量、购买能力、价格溢出及交易方式等，通过"信息传递—价格传导—预期形成—生产决策"来倒逼农户改进农药安全施用行为。资产专用性与需求驱动的交互效应也将对农药安全施用产生影响，表现为需求驱动会调节农户专用性资产配置，从而产生强化或弱化资产专用性对农药安全施用的作用效果。

第五节　小结

本章首先对相关概念作了解释，然后从理论层面入手，对本书研究资产专用性、需求驱动与农药安全施用之间的作用机理进行了深入讨论，构建了理论分析框架。具体来讲，本章的研究内容可以概括如下：

一是整理并重新界定了农户、农药与农药残留、农户施药行为的概念，厘清相关概念在本书应用的边界。

二是阐述了本书研究相关的资产专用性理论、农户行为理论、信息不对称理论、交易成本理论、需求层次理论等基础学说，结合本书研究主题农药安全施用行为，讨论基础理论与本书研究内容的内在关系，从理论视角阐述了农药安全施用行为发生机制。

三是结合本书研究运用的相关理论基础，从数理推导到理论分析分别深入讨论了资产专用性对农药安全施用的作用机理、需求驱动对农药安全施用的作用机理及资产专用性与需求驱动交互效应对农药安全施用的作用机理，并提出初步研究假说，架构出本书的研究框架，为后文实证研究奠定基础。

第四章

农药发展及安全农产品生产现状

种植业在我国已有上千年种植历史，但对生产力大规模改造是从新中国成立以后开始的，为粮食安全、工业发展及社会进步等方面起到了决定性作用。种植业安全问题是我国农业安全问题的重要组成部分，不仅关系到农产品及加工食品的安全，还决定了畜牧产品的安全。因此，本章对我国种植业安全生产发展进程进行阐述，讨论了我国及四川省种植业发展情况、农药行业发展情况及四川省农产品安全认证特征。

第一节　农药发展情况

一　农药行业发展情况

在世界范围，农药的使用可以追溯到公元前 1000 多年，古希腊人开始使用硫黄熏蒸害虫及防病。世界及我国农药发展进程如图 4 - 1 所示。农药发展史可以概括为两个阶段，即在 20 世纪 40 年代以前以天然药物及无机化合物农药为主的天然和无机药物时期，和 20 世纪 40 年代初期开始进入的有机合成农药时代，从此对植物保护产生了巨大影响。我国农药使用起源于公元 900 年，使用硫黄（三硫化二坤）防治园艺害虫，从 19 世纪 70 年代至 20 世纪 40 年代中期，开始形成了一批人工合成的无机农药。有机农药发展从有机氯开始，之后出现

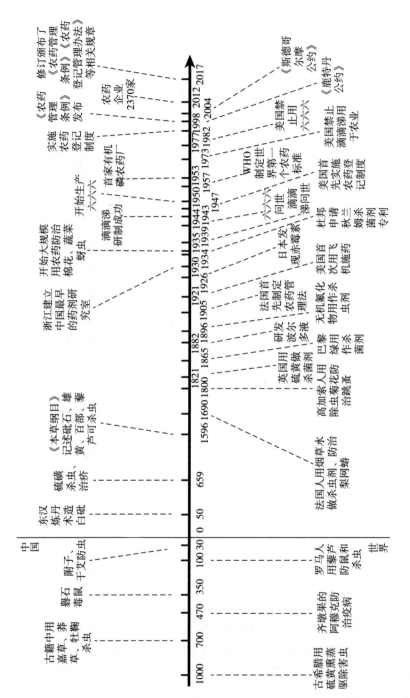

图 4 - 1 世界及我国农药发展进程

资料来源：相关新闻及文献资料整理所得。

了滴滴涕、六六六等一系列有机杀虫剂，之后许多国家针对高残留农药污染和安全问题，建立了环境保护制度和农药管理机制，我国也于20世纪80年代相继禁止使用六六六和滴滴涕。随着改革开放和登记制度的实施，引进了一批先进农药产品和技术，经过多年发展，我国农药行业取得了突飞猛进的发展，新中国成立前我国仅生产少量的植物源和矿物源农药，而新中国成立后，已形成了包括科研开发、原药生产、制剂加工、原材料、中间体配套、毒性测定、残留分析、安全评价及推广应用等的较为完整的农药工业体系。据国家统计数据显示，我国化学农药原药2016年产量已达到377.80万吨，其中除草剂177.30万吨，杀虫剂50.69万吨，杀菌剂19.89万吨，农药生产能力位居世界前列，但农药进出口贸易相对疲软，出口以杀虫剂和除草剂为主。2017年国家禁用生产销售和使用的农药名单（42种）如附录问卷列表所示。

从农药行业经济运行来看，我国农药行业营收和利润告别了高速增长期，目前进入低速成长阶段，行业可盈利水平提升呈现滞胀，受供给侧改革、环保督察等因素影响，供给侧价格出现上涨趋势。随着种植结构调整、安全农产品需求能力提高，政府也适时提出了2020年实现化肥、农药"零增长"计划，相对比欧美发达国家的植保水平，我国农药行业仍存在较大的发展空间，未来农药结构发展方向应为除草剂微增、杀菌剂向下调整、杀菌剂供应显著增加，农药行业发展方向应为环境友好型农药，即高效、低毒、低残留农药。

农药残留表现还需要检测技术，目前我国也已形成了多项检测技术和食品安全检测体系。目前农药残留检测技术包括气相色谱（GC）与气质联用（GC/MS）、液相色谱（licquid chromatography，LC）与液质联用（LC/MS）、超临界流体色谱（SFC）、毛细管电泳（CE）、免疫分析法（IA）、酶抑制法、生物传感器（BS）、活体生物测定等（郑永权，2013）。果蔬农药残留快速检测方法，主要包括酶抑制法、酶联免疫法、生物传感器法、近中红外光谱法、荧光光谱法、拉曼光谱法和核磁共振技术（李晓婷等，2011）。

二 农药投入现状

在耕地保护政策的基础上，其他生产要素的投入能弥补耕地资源的不足以保障粮食安全（Erik Lichtenberg，et al.，2008），包括化肥、农药等农业生产资料。第一，农药使用量经历持续增长后，开始出现缓慢减少趋势。由图4-2可知，全国农药使用量在2014年前呈持续增长趋势，2014年达到180.69万吨，2016年减为178.30万吨；四川省农药使用量在2010年达到峰值，为6.22万吨，之后开始缓慢下降，2016年降为5.87万吨。

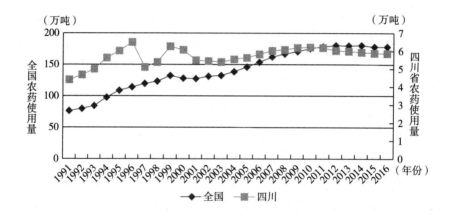

图4-2 全国及四川省农药使用量变化情况

资料来源：相关年份统计年鉴整理。

第二，农药投入强度呈显著增长趋势，农药产出弹性先增加后降低。世界各国和联合国粮农组织历年统计数据均证明，农产品产量的增加与农药的使用紧密相关（Avery，1997；Newton，et al.，1949）。从图4-3可知，全国及四川省农药投入强度（单位播种面积的农药投入量）在2005年全面取消农业税费和实施农资补贴后，农药投入强度显著上升。一方面是由于农资补贴降低了农药相对价格，同时农药在保证收成方面效果显著，促使农药使用量较快增加；另一方面农药生产规模扩大，挤出农药高利润，加上农药对劳动力要素的替代性增强，特别是除草剂，在农业剩余劳动力大量转移的背景下，家庭非农收入提高，促使农药投入增加。随着农药投入强度提高，农药对农作物的增产效益边际弹性呈倒"U"形，即当农药的增产效应达到最大值后，继续增加农药投入，农作物边际产出出现下降，反而会持续增加农药成本。从农药产出强度（单位农药的农业产值）与农药投入强度曲线图也可以验证此结果。同时在农药使用过程中存在许多问题，农药的不合理使用造成生态环境破坏和人类健康威胁。另外，农药利用效率低下，据估计农药浪费造成的直接经济损失达到150多亿元（章力建等，2005）。

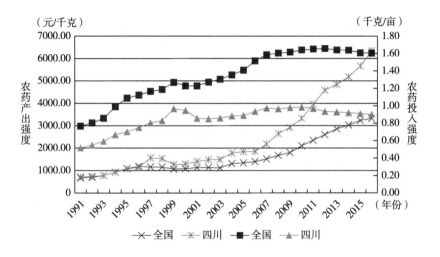

图4 - 3　全国及四川省单位面积农药使用量

资料来源：相关年份统计年鉴整理。

第三，同一作物不同地区农药投入强度不同。农药施用量受到地势、气候等自然因素影响，气候条件中气温、日照、降雨量、风力、雾露等因素会影响农药施用量和施药效果（蔡书凯等，2011），土壤环境也会通过对农药残留降解和转化，从而影响农药效果（李晓亮等，2009）。图4 - 4为2015年全国主要粮食生产地区单位面积农药费用，发现同一作物不同地区农药费用不同。以玉米为例比较发现，全国平均单位面积费用为16.61元，如四川、吉林、河南、广西分别为13.81元、18.52元、23.94元、4.57元，从图3 - 4可看出玉米单

位面积农药费用整体呈"北高南低"特点；小麦比较发现，全国单位
农药费用为 19.67 元，如四川、黑龙江、河南、江苏分别为 12.54
元、5.11 元、25.89 元、34.91 元，单位面积农药费用呈小麦主产区
高于非主产区特点；稻谷比较发现，早籼稻、中籼稻、晚籼稻全国平
均单位施药费用为 48.50 元、38.67 元、63.08 元，以中籼稻为例，
各地区如四川、江苏、湖北、贵州分别为 18.82 元、62.31 元、66.76
元、25.84 元，单位面积农药费用呈中东部地区高于西部地区。已有
研究也指出，东部、中部、西部地区农药施用效率整体上呈上升趋
势，东部明显高于中部和西部（冯探等，2016）；而以不同农药用量
对比，南方地区杀虫剂、杀菌剂和除草剂分别占全国总量的 60%、
65% 和 43%（张国等，2016）。

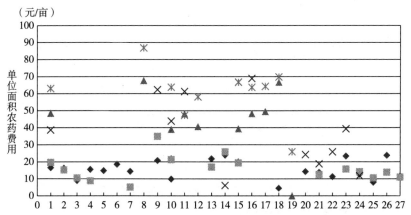

图 4 - 4   全国主要粮食生产省份 2015 年单位面积农药费用

资料来源：根据 2016 年《全国农产品成本收益资料汇编》整理所得。

第四，同一地区不同作物农药投入强度不同。从图 3 - 4 可以发
现，同一地区不同主粮作物单位农药费用不同，以安徽省为例，玉
米、小麦、早籼稻、中籼稻、晚籼稻单位农药费用依次为 10.00 元、

21.81 元、39.00 元、43.86 元、63.77 元，由于不同作物抗虫性、虫害种类、抗逆性等方面存在差异性，针对四川省不同作物农药投入强度，如图 4-5 所示。一方面从时序看，不同作物单位农药费用整体呈先上升后平稳变动。以水稻为例，呈逐年增速降低的增长趋势，2015 年单位面积农药费用为 18.82 元，相比 2001 年增加了 10.16 元。除施用量增加外，农药价格也是重要因素之一。另一方面同一年份不同作物单位农药费用存在差异性。如 2015 年，四川省水稻、小麦、玉米、油菜籽、花生的单位农药费用依次为 18.82 元、12.54 元、13.81 元、10.78 元、10.29 元，2005 年依次为 11.40 元、11.76 元、6.85 元、7.83 元、3.94 元。由于不同作物生长周期、耕种土地、生长季节导致虫害、杂草、有害菌类等不同，使农药施用量不同，农药残留也存在较大差别（杨益军，2015）。

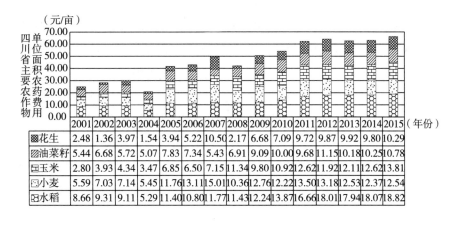

图 4-5　四川省主要农作物单位面积农药费用

资料来源：根据 2002—2016 年《全国农产品成本收益资料汇编》整理所得。

农药的不合理、低效率使用使我国农药年使用量严重超标，当前农药利用率不足 30%，10%—20% 附在植物体上，剩余沉降残留在土壤、地下水、空气及农产品上，造成生态环境破坏和食品安全问题，也使土壤中有益菌大量减少，地力下降，土壤自净能力减弱，甚至出现环境报复风险，对人们身体健康和农业可持续发展构成严重威胁。

第二节　安全农产品发展现状

一　安全农产品生产发展演进

我国种植业发展从中华人民共和国成立之时起步至今，经历了解决食品供给问题阶段、解决农民收入问题阶段及解决农业生产方式问题阶段三个阶段（蔡昉等，2016）。针对农产品安全生产发展演进分为以下四个阶段发展。

第一阶段是数量保证阶段（1949—1977 年）。1949 年中华人民共和国成立初期，我国生产力水平十分低下，百废待兴、百业待兴，农业生产制度实施农业合作化、人民公社化，经历了农业互助组、初级农业生产合作社、高级农业生产合作社三个时期，后续掀起了"大跃进"运动，在整个发展阶段中，农业发展呈波动式缓慢增长，坚持"以粮为纲"，种植业发展以粮食作物为主，兼营经济作物，广袤开垦耕地面积，生产条件得到一定发展，但工业技术运用水平低下，粮食单位产出率较低。粮食产量从 1949 年的 11318 万吨增加到 1977 年的 28273 万吨，年均增长 5.17%，人均粮食产量增长了 88.74 公斤，年均增长 1.46%[①]；从农业生产率绝对值来看，1966—1977 年，仅提高了 35 元，平均年均增长 3 元左右（汪小平，2007）。此阶段我国化学农药尚未大规模生产和使用，且多为六六六、滴滴涕等高毒农药为主。

第二阶段为增产扩类阶段（1978—1984 年）。1978 年党的十一届三中全会通过了《中共中央关于加快农业发展若干问题的决定》，提出并实施了农村家庭联产承包责任制改革，开展多种经营，大幅提高生产力水平。改革开放后，人民公社解体，联产承包责任制下的单位农户形成碎片化生产模式，机械化、规模化长期处于低水平，但单位农户生产力水平得到极大激发和提升，种植业单产水平大幅提高，形

---

① 数据来自国家统计局统计数据整理所得。

成了"粮食作物—经济作物"的二元结构，家庭联产承包责任制实施后，粮食总产量达到 3.48 亿吨，人均粮食产量 1979 年增加了 24 斤，为新中国成立以来最高水平，其他种植业如油料、棉花等经济作物也比上年大幅增长[①]，到 1984 年，粮食产量达到 4.07 亿吨，其中稻谷、小麦、玉米三大主粮作物分别实现年产 1.78 亿吨、0.88 亿吨和 0.73 亿吨，多种经济作物快速增长，实现大豆产量为 0.10 亿吨，薯类为 0.29 亿吨，棉花 0.06 亿吨，油料 0.12 亿吨，甘蔗 0.40 亿吨。因此，学者总结和评价家庭联产承包责任制是农业现代化发展中较为适应我国国情的中国特色的农业发展模式（朱文，2007；冀县卿等，2010）。根据诱致性技术变迁理论，农业技术的采用特点和变化，为农业技术倾向于节约相对稀缺的生产要素，而更集约地使用相对充裕的生产要素（Hayami and Ruttan，1980）。根据这一理论假说，在该阶段，农业科学技术得到极大创新和推广，以农药使用为例，农药等化学用品大量使用，有机磷、氨基甲酸酯和拟除虫菊酯类杀虫剂得到快速发展，于 1982 年颁布了《农药登记规定》，并且 1983 年禁止使用六六六、滴滴涕为代表的有机氯农药，到 20 世纪 90 年代末，有机磷杀虫剂占杀虫剂总量的 70%，而其中 70% 的有机磷杀虫剂为甲胺磷等 5 种高毒农药[②]。说明种植业发展的增产扩类阶段除了保证粮食总产量、产品结构和生产效率外，开始注意高毒引起的农产品质量安全问题，跟随国际趋势，规范了农药登记制度，禁用了高毒农药。

第三阶段为结构转型时期（1985—2003 年）。1985 年全面改革农产品统购统销制度，分别实行合同订购和市场收购，形成粮食价格"双轨制"，即国家平价粮购销与市场议价买卖并存，并逐步放开对农副产品价格管制，随之主要农副产品产量和供给量迅速增加，造成了粮食及其他主要农副产品的"卖难"局面，而这种"卖难"主要集中体现在低质量农产品上。为此，国务院于 1992 年提出《关于发展优质高效农业的决定》，从调整优化农业生产结构、发展农产品加工

---

① 数据来自《1979 年政府工作报告》。

② 资料来自《2012 年中国农药发展报告》，农业部农药检定所主编。

业、依靠科技进步发展优良品种等方面将农业生产向深度发展，农业发展向商品化、专业化、机械化、现代化推进，实现量和质的全面发展。在建立社会主义市场经济体制后，我国农产品开始进行进出口贸易，逐步提升农产品质量安全，2001 年开始全面实施了 HACCP（危害分析与关键控制点）管理体系，又于 2002 年加入 WTO，伴随而来的是发达国家对我国农产品进口质量安全要求提高，实施了多形式的贸易壁垒，国家针对农药施用颁布了《中华人民共和国产品质量法》《农药管理条例》等一系列法规要求，强化安全监管。

第四阶段为全面提质增效阶段（2004 年至今）。自 2003—2005 年全面实施取消农业税费改革以来，逐步开展并增加农业补贴，包括良种、农资、农机补贴等，提出了"多予、少取、放活"的主要政策脉络，2004—2017 年连续十四年的中央一号文件聚焦"三农"问题。农业现代化发展进入一个全新的阶段，农业多功能性成为新世纪、新阶段农业现代化的新要求和新内涵（吴晓华，2009；毛飞等，2012）。在安全保障方面，2005 年我国引进和实施了 GAP（良好农业操作规范）体系，同时颁布或修订《农药管理条例》《农药登记管理办法》等一系列规范农产品安全生产及加工的法律法规，并逐步开展了农产品"三品一标"认证和可追溯体系建立。"提质增效"已成为当下农业供给侧改革的重点，农产品安全问题成为制约消费者福利水平提升的关键要素，因此，我国政府提出要提高化肥、农药的经济、生态效益，至 2020 年实现化肥、农药零增长，继续加强农产品质量安全监管。据国家统计局统计，2015 年农药使用量为 178.30 万吨，相对 2004 年增加了 39.70 万吨，粮食增产 1.61 千克/亩，农药使用量增长和增产效果明显，但同时引起了较为严重的环境污染问题和健康安全问题。因此，农产品安全提升将是未来较长时期内我国农业发展的重点和目标。

二 安全农产品市场需求情况

随着人们生活水平提高，营养健康理念强化，消费者对农产品逐渐从数量需求转向注重质量和安全方面，但目前消费目标与现实选择仍存在较大差距。根据马斯洛需求层次理论，人的需要分为五个层次，即生理需要、安全需要、感情需要、尊重需要和自我需要实现（顾晓君等，2010），在农产品的消费进程中，消费也是由较低消费层次向较高消费层次发展。目前，我国农业正向高产、优质、高效、生态、安全快速发展，尤其是城镇居民对优质安全农产品的需求也呈快速增长态势。因而，下文从需求规模、消费结构、消费能力等方面对四川省安全农产品需求情况进行分析。

一是安全农产品潜在需求规模很大。由于安全信息不对称，消费者对于高质量安全农产品识别能力有限，仅能以价格高低来衡量质量优劣，而相对于常规农产品，高质量安全农产品需要更高的生产成本，必将导致价格偏高，因此，对于安全农产品的需求群体主要为中高收入的城镇居民。四川省2016年常住人口为8262.00万人，年末户籍人口为9137.00万人，其中女性人口为4440.80万人，城镇人口为2997.50万人，以常住人口为口径统计，城镇化率为49.21%，城镇化率呈逐年上升趋势，城镇人口规模扩大为安全农产品消费增长提供潜在容量。图4-6为2016年四川省各市州城镇人口及城镇化率情况，可知成都市城镇化率最高（70.62%），其次是攀枝花（65.34%）、德阳（49.58%）等地，相应的城镇人口成都市为1124万人，而常住人口达到1591.76万人，是省内最大的安全农产品消费市场。但目前安全农产品消费规模远滞后于消费者预期，大部分消费者对当前市场上农产品安全性仍存在顾虑（韩占兵，2013），原因包括如对认证农产品的认知水平低、不信任等。

二是消费结构调整促进优特、安全农产品消费。收入水平提高推动消费结构转型升级，消费多元化、个性化趋势更加明显。城乡居民对初级农产品消费明显减少，加工农产品的消费需求快速增加；不同消费群体对农产品总量、品质、安全水平等有着不同的诉求（张雯丽等，2016）。表4-1为近年来全国及四川省城镇居民人均主要食品消费量，可得城镇居民对传统粮食作物人均消费量呈下降趋势，薯类、豆类、食用油的消费量变化不大，肉类、禽类、水产品消费量稍有增加，而对蔬菜、鲜瓜果的人均消费量增加明显。以全国为例，城镇居民2016年人均蔬菜消费量103.2斤，较上年增加3斤，鲜瓜果为52.6斤，

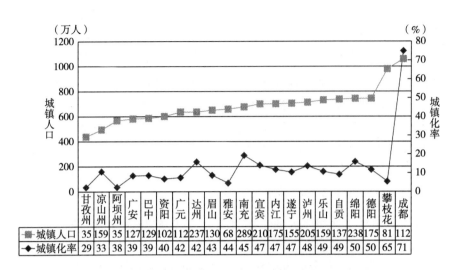

图4-6　2016年四川省各市州城镇化情况

资料来源：根据《四川统计年鉴（2016）》整理。图中以城镇化率进行排序。

表4-1　　　　　　　　　城镇居民人均主要食品消费量　　　　　单位：千克

分区	年份	谷物	薯类	豆类	食用油	蔬菜	肉类	禽类	水产品	鲜瓜果
全国	2014	106.5	2.0	8.6	11.0	100.1	28.4	9.1	14.4	48.1
	2015	101.6	2.1	8.9	11.1	100.2	28.9	9.4	14.7	49.9
	2016	100.5	2.3	9.1	11.0	103.2	29.0	10.2	14.8	52.6
四川省	2014	98.8	2.6	8.4	13.9	127.8	42.7	12.3	9.0	38.5
	2015	114.0	2.9	9.2	13.1	132.4	43.3	12.6	9.2	41.1
	2016	106.8	3.6	9.7	12.7	134.6	43.0	12.9	9.4	43.0

资料来源：来自相关年份统计年鉴。

较上年增加2.7斤。同样四川省蔬菜和鲜瓜果消费量2016年分别较上年度增加2.2斤和1.9斤，并且四川省城镇居民对蔬菜的消费量高于全国均值31.4斤，但鲜瓜果消费量低于全国平均水平。因此，消费者对农产品消费结构的改变，促使其对蔬菜、鲜瓜果等营养价值更高农产品需求增强，而蔬菜、水果绝大部分为鲜销产品，且易产生农药残留、腐烂等安全问题，消费者对其质量安全要求更高，可以说消费结构调整也促进了农产品质量安全的提升。

　　三是安全农产品消费能力不断提升。消费者对安全农产品实际购买决策时，相对于产品安全性，更倾向于首要考虑预算约束，产品价格即消费能力是消费者购买安全农产品的主要考量因素。刘华和李璞君（2014）也认为支付能力和对高质量的溢价支付意愿都会影响消费者对安全农产品的购买行为。同时消费者性别、年龄、受教育程度等个人特征，及家庭人口规模、家中是否有 18 岁以下的孩子和家中是否有 60 岁以上的老人等家庭特征都会影响消费者对安全农产品的现实选择（周应恒等，2008；马骥等，2009；Brahim Chekima，et al.，2017）。城镇居民消费水平直接决定了对安全农产品的购买能力。2016 年四川省居民消费水平为 16013.0 元，城镇居民消费水平为 21246.0 元，农村居民消费水平为 11094.0 元。城镇居民对安全农产品的消费能力除了受可支配支出增长以外，还同时受到安全农产品价格的影响，因农产品价格升降直接影响城镇居民生活消费费用的节约或多支，进而影响居民购买力和市场商品供需平衡，还影响消费和积累的比例。图 4－7 为消费价格指数（CPI）变化情况，CPI 反映的是居民家庭所购买消费品和服务项目价格水平的变动情况，其变动率在一定程度上反映了通货膨胀或紧缩的程度。从图 4－7 可知，全国及四川省消费价格指数在 1978—2000 年波动较大，之后变动趋于平稳。相对波动平缓说明城镇居民对食品消费支出趋于稳定，货币购买能力上升，可提高食品支出水平，但其对消费支出存在滞后性，从近年来CPI 趋于平稳来看，城镇居民具备对安全农产品的溢价支付能力。

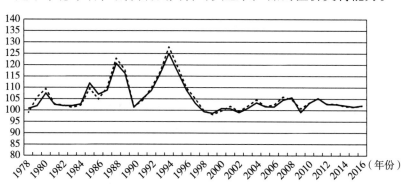

图 4－7 全国及四川省城镇居民消费价格指数（CPI）
资料来源：根据《四川统计年鉴（2016）》整理。

针对不同城镇化水平和城镇人口消费能力，通过四川省各市州城镇居民的人均可支配收入、消费支出及食品支出水平来分析其对安全农产品的消费能力。从图4-8可知，成都的人均可支配收入（35902元）、消费支出（23514元）和食品支出（8038元）最高，食品支出中巴中（7694元）、自贡（7604元）等地区相对较高，但占总消费支出比例（即恩格尔系数）前五位依次是甘孜（41.18%）、巴中（41.14%）、达州（40.43%）、广元（40.08%）、自贡（39.18%），最低两个地区为遂宁（32.41%）、雅安（33.29%），成都居民食品支出占消费支出比重为34.18%。根据恩格尔系数规律，家庭收入越少，用来购买食物的支出所占比例越大，随着家庭收入增加，恩格尔系数会降低，根据恩格尔系数衡量标准[①]，各市州城镇居民已处于小康水平以上，且多数为富裕程度。说明四川省各市州城镇居民对高价格的安全农产品已具备消费能力。

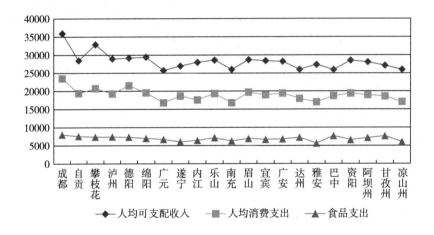

图4-8　2016年四川省各市州城镇居民收入及消费支出情况

资料来源：根据《四川统计年鉴（2016）》整理。

---

① 国际上常用的恩格尔系数衡量标准为联合国粮农组织提出的标准，即恩格尔系数在59%以上为贫困，50%—59%为温饱，40%—50%为小康，30%—40%为富裕，低于30%为最富裕。

三　安全农产品生产政府规制

农产品安全生产主要受到市场行为和政府行为控制，而政府干预是因市场失灵才发生的。这是由于农产品质量安全具有公共品属性、外部性和信息不对称性，容易导致市场失灵，因而需要政府给予监管控制。新中国成立以来，我国的农产品安全监管逐渐完善起来，在制度和法规层面逐步规范和健全。关于农产品质量安全的政府行为首要表现在农药管理行为上，特别是 21 世纪以来，消费观念转换和农药技术提升，促使农药安全施用理念逐渐深入人心。为规范农户的农药施用行为，1997 年国务院颁布了《农药管理条例》，此后，农业部又相继颁布了《农药管理条例实施办法》（2007 年）、《农药限制使用管理规定》。中国加入 WTO 组织后开始受到《实施卫生与植物卫生措施协定》（SPS 协定）和《技术性贸易壁垒协定》（TBT 协定）的严格限制。2010 年，农业部种植管理司发布了《关于打击违法制售禁限用高毒农药规范农药使用行为的通知》，进一步规范农户的施药行为。2015 年颁布了《食用农产品市场销售质量安全监督管理办法》，以规范农产品市场销售行为，保证食用农产品质量安全。2016 年国家卫计委、农业部和国家药监总局联合发布了《食品安全国家标准食品中农药最大残留限量》（GB 2763—2016）等 107 项食品安全国家标准。2017 年农业部相继修订和颁布了《农药登记管理办法》《农药生产许可管理办法》《农药经营许可管理办法》《农药登记试验管理办法》《农药标签和说明书管理办法》。当年国务院也重新修订并施行了《农药管理条例》，进一步完善了农药管理法则，保证农药质量，除了保障农产品质量安全和人畜安全外，强调保护农业、林业生产和生态环境。政府行为其次还在农产品及食品安全监管监督方面，包括市场督察、惩处及宣传等，最大限度保证农产品安全和市场稳定。

第三节　安全农产品认证

安全认证是农药安全施用的最终行为体现和价值体现，目前能体现质量安全信号的标志有"三品一标"、可追溯系统、放心产品认证等，根据质量安全等级划分，现行农产品质量安全认证体系中，存在着有机认证、绿色认证、无公害认证，不同认证等级对农药使用要求差异明显，具体比较见表4-2。安全认证具有导向效应，能够一定程度上解决安全农产品市场的信息不对称问题，提高消费者安全福利水平（李勇等，2004），同时安全认证也具有示范效应，通过价格激励促进农业生产者重视安全产出。此外，叠加认证能显著提升消费者对食品质量安全的信任程度和额外支付意愿，而这种质量安全多重认证行为主要受市场激励和主体内在责任的驱动（周洁红等，2015）。安全认证的有效性关键在于消费者信念的一致性与信号能真实反映出生产者间禀赋及生产方式的差异，但当前由于我国消费者对农产品安全认知较低、生产者的背德行为以及认证过程的不规范，造成安全认证信号并未真实反映出产品质量信息且未被消费者充分一致判断，进而影响了该政策的实施效果（王常伟等，2012；倪学志，2016）。只有良好的经济利益诱导才会促进农户的安全行为动机，进而形成安全行为习惯和诚信意识，因此，安全行为要么是恶性循环，要么变成循环改进。需要提高生产者安全认知，通过农户、市场和政府多方控制农产品安全，调研中发现消费者也愿意为安全农产品支付比一般农产品高出10%的价格（Boccaletti and Nardella，2000）。无公害农产品是目前农产品生产的最基本要求，其要求并非不使用化学农药，而是采用高效、低毒、低残农药，规定了禁止和限用农药，采取合理施药技术，强调对症施药，科学混用农药，提高喷药质量，减轻农药残留及污染。基于四川省2013—2015年认证登记的无公害种植业农产品认证数据，对无公害认证特征进行分析。从2018年开始无公害农产品产地认定与产品认证合二为一，无公害认证机构调整为中国绿色食品发展中心①。

---

① 资料来自2018年1月1日农业部发布的《农业部关于调整无公害农产品认证、农产品地理标志审查工作的通知》，http：//www. moa. gov. cn/govpublic/ncpzlaq/201801/t201 80110_6134486. htm。

表 4 - 2　　我国有机食品、绿色食品及无公害食品质量认证比较

项目	有机食品	绿色食品		无公害食品
		AA 级	A 级	
运行机制或认证机构	市场运作 [中国有机食品发展中心（OFDC）、美国 OCIA、瑞士 IMO、日本 JONA 等]（属公司性质或中介机构）	政府推动、市场拉动（中国绿色食品发展中心，属事业机构）	政府推动、市场拉动（中国绿色食品发展中心，属事业机构）	政府推动（国家农牧渔业部，属行政单位）
批准时间	1989	1996	1990	2001
技术要求	生产过程中禁止使用任何人工合成的化学物质	生产过程中禁止使用任何人工合成的化学物质	生产过程中允许限量使用限定的化学合成物	生产过程中允许限量合理使用化学合成物
消费群体	少数高消费阶层	少数高消费阶层	较高消费阶层	中低消费阶层
有效期	1 年	3 年	3 年	3 年
费用	有	有	有	无
产品类别	从田间到餐桌	初级/加工产品	初级/加工产品	初级产品
认证主体	企业/个人	企业	企业	企业/事业/社团/个人
国际认知程度	高	较高	较差	差

资料来源：根据三品认证相关资料整理所得。

一　认证的规模效应

对四川省 2013—2015 年种植业无公害农产品认证数据整理统计，发现无公害认证存在一定的规模效应。表 4 - 3 为无公害认证的认证数量、认证规模及销售额情况，可知以下结论。一是认证数量初具规模。全省三年共计认证 981 家种植业无公害认证单位，其中新认证 609 家，复查认证 372 家，2015 年认证了 368 家；认证数量最多地区为成都，共计 111 家，其后三位依次是绵阳、宜宾、德阳，分别认证了 110 家、85 家、72 家，平均认证数量达到 47 家。二是认证规模较大。全省认证规模达到 145.91 万公顷，平均认证规模前五位依次是资阳、成都、南充、凉山州和广安；认证规模最大单位有 11.6725 万

公顷，认证规模平均值为0.15万公顷，中位数为157.86公顷。从平均认证规模看，无公害认证生产已实现一定的规模保证，保证安全生产持续发展。三是销售额较为可观。全省2015年销售额为105.25亿元，平均达到0.3472亿元，从平均销售额看，最高的五个地区是成都、广元、广安、凉山州，最大值26.02亿元，同时存在一些认证单位没有销售情况。因此，无公害农产品存在一定的规模效应和收入效应，为安全农产品持续供给提供了规模保证和生产动力。

表4-3　　　　　　　　无公害认证的规模情况　　单位：家，公顷；万元

类别 地区	认证 数量	认证规模				销售额度			
		平均值	标准差	最大值	最小值	平均值	标准差	最大值	最小值
成都	111	3515.82	11717.86	116725.00	10.00	9864.64	28753.43	260234.00	0.00
自贡	15	1141.39	2648.09	10600.00	18.70	3806.40	6203.66	25056.00	150.00
攀枝花	30	711.77	703.84	3060.00	20.00	2883.33	4713.43	24000.00	0.00
泸州	36	962.84	2206.99	12000.00	2.80	1962.66	5396.86	32400.00	0.00
德阳	72	736.29	2643.77	13450.40	1.65	4201.65	17197.81	103045.00	0.00
绵阳	110	966.18	5369.03	54725.00	1.30	1104.73	2885.98	21250.00	0.00
广元	41	1876.31	6362.10	36700.00	3.46	4894.98	12355.61	66533.25	0.00
遂宁	41	302.99	1032.56	6670.00	3.00	1076.49	2811.40	16440.00	0.00
内江	44	837.34	2290.49	15000.00	3.00	2298.86	4198.04	16000.00	0.00
乐山	84	793.44	148.79	10000.00	3.34	2168.93	4030.42	31094.00	0.00
南充	36	3258.14	16604.43	100000.00	4.00	1611.11	2474.73	11200.00	15.00
眉山	65	1092.84	2733.38	19133.00	0.67	3303.22	6749.55	40000.00	0.00
宜宾	85	936.11	2980.25	22680.00	1.00	1740.63	3911.03	26960.00	0.00
广安	35	1934.07	6362.10	36700.00	3.46	4894.98	12355.61	66533.25	0.00
达州	20	369.83	709.94	2940.00	2.00	1618.17	3036.61	12830.00	0.00
雅安	34	543.89	1104.11	5950.00	1.00	3244.80	10922.45	64154.00	0.00
巴中	24	591.76	1981.39	9800.00	15.00	2644.35	4790.34	16226.00	0.00
资阳	30	4148.51	9862.53	35122.50	3.60	4623.10	9438.98	30437.00	22.20
阿坝州	9	1274.22	1417.44	4600.00	73.00	4057.74	5788.73	17094.00	113.00
甘孜州	23	1107.75	1874.72	7000.00	1.00	92.52	129.37	500.00	0.00
凉山州	36	2957.88	7500.98	43624.00	90.00	5839.14	12933.40	56625.00	0.00
全样本	981	1487.35	6330.74	116725.00	0.67	3434.72	12406.91	260234.00	0.00

二　认证的结构效应

无公害认证主体呈现以合作社为主导，新型经营组织共同参与的多元化特征。表4-4为不同认证主体下认证品种结构。从主体规模数量看，无公害认证主体是合作社，呈现多元化特点。合作社共计577家，占总认证主体总量的58.82%，企业、农业技术推广服务中心、协会、家庭农场分别占26.20%、6.73%、4.89%、3.36%。从品种维度看，粮油类认证主体以合作社、企业为主，占粮油类认证主体总量的90.38%；蔬菜类认证主体以合作社为主，占64.46%，其他经营组织呈加快发展态势；水果类认证主体以合作社为主，占30.50%；食用菌类以合作社和企业为主，两者合计占82.50%；茶叶类认证主体以企业为主，占81.33%。这是由于作物异性、生长周期差异、初始投入区别等原因造成的，以茶叶为例，普遍呈经营面积大、初始投资高、回收期长的特点，沉淀成本大、投资风险高对经营主体要求较高，包括土地、劳动力、资本、技术、管理、社会资本、营销等方面的能力，而企业才能实现这些条件。从经营主体维度看，合作社以经营蔬菜和水果为主，两者共计占63.95%；企业以经营粮油和蔬菜为主，两者共计占57.20%；农业技术推广服务中心以经营蔬菜为主，占59.09%；协会以经营蔬菜和水果为主，占91.66%；家庭农场以经营蔬菜和水果为主，两者共计占78.78%。说明合作社偏向于地方特色农产品经营，可以享有区位优势、区域品牌优势，同时合作社内部组织的技术、市场等信息交流，促使其抗风险能力提升。

表4-4　　　　不同认证主体下认证品种结构　　　单位：家，%

主体类别	合作社		企业		农业技术推广服务中心		协会		家庭农场	
作物类别	样本量	占比	样本量	占比	样本量	占比	样本量	占比	样本量	占比
粮油	77	13.34	64	24.90	10	15.15	1	2.08	4	12.12
蔬菜	292	50.61	83	32.30	39	59.09	25	52.08	14	42.42
水果	176	30.50	38	14.79	12	18.18	19	39.58	12	36.36
食用菌	22	3.81	11	4.28	2	3.03	2	4.17	3	9.09
茶叶	10	1.73	61	23.74	3	4.55	1	2.08	0	0.00
合计	577	58.82	257	26.20	66	6.73	48	4.89	33	3.36

由表 4 - 5 可知，从认证主体比较，无公害认证主体以合作社为主。从认证规模看，认证规模最大的主体为企业，认证规模平均值达到 2944.73 公顷，其后依次是农业技术推广服务中心、合作社、协会、家庭农场。说明具备高财力的企业能获得更多土地，企业的带动效应更强，一方面可以促进土地规模化经营，农户流转收益更能保证；另一方面能够带动当地农村剩余劳动力就业能力，同时政府对企业引进和扶持的政策支持也促进企业更容易获得土地，形成"企业 + 基地"模式。从销售额看，销售额最高的主体是协会，平均达到 6396.47 万元，其后依次是企业、合作社、农业技术推广服务中心、家庭农场。从单位收益看，最高的经营主体是企业，每公顷收益 19.20 万元，其后依次是协会、合作社、家庭农场、农业技术推广服务中心。企业的生产效率更高，这也符合一般性认识，原因包括以下几个方面：企业经营管理能力更强，追求效益最大化；企业更容易规避市场信息不对称问题，通过市场需求及价格信息比较，会偏向于利润率更高的产品经营；企业会注册品牌，发挥品牌效应，以获得高市场认可度和价格优势。

无公害认证产品呈现以特色农产品为主体，多样化发展特点。从表 4 - 6 可知，从认证数量看，认证品种以蔬菜类、水果类为主，分别占总量的 46.17% 和 26.19%，粮油类、食用菌类、茶叶类分别占 15.90%、4.08%、7.65%。因蔬菜和水果适宜生长范围广，利润率较高。蔬菜和水果都属于劳动力密集型产业，人为因素对其安全生产行为影响较大，因其本身作物生长特性，为保证产品产量和品质，对农药依赖性较强，加上农户施药行为不科学规范，形成了目前严重农药残留和生态破坏问题。从认证规模看，从大到小排序依次为食用菌类、粮油类、蔬菜类、茶叶类、水果类。说明粮油类无公害农产品更具有规模化，因粮油类机械化程度更高，属于土地密集型产业，加上粮食最低收购价政策，经营风险相对较低。从销售额看，从大到小排序依次是粮油类、蔬菜类、茶叶类、水果类、食用菌类。从单位收益看，从大到小排序依次为食用菌类、粮油类、水果类、茶叶类、蔬菜类。而现实考察中，蔬菜、水果、茶叶应高于粮油类单位面积收益，

表4-5　基于主体分类的认证规模及销售情况

单位：家，公顷，万元，万元/公顷

统计指标	数量	平均值	标准差	最大值	最小值	数量	平均值	标准差	最大值	最小值
认证主体		企业					合作社			
认证规模	257	2944.73	10870.14	116725.00	1.00	577	1007.56	3718.24	43624.00	0.67
销售额度	257	4418.33	9916.71	66533.25	0.00	577	3038.10	13710.97	260234.00	0.00
单位收益	257	19.20	86.56	1000.00	0.00	577	10.30	21.67	310.50	0.00
认证主体		农业技术推广服务中心					家庭农场			
认证规模	66	1144.59	1866.37	10600.00	66.67	31	243.65	749.92	3333.30	2.80
销售额度	66	2299.26	4159.08	25056.00	0.00	31	696.10	1678.48	9000.00	9.00
单位收益	66	3.29	3.98	16.37	0.00	31	10.11	11.90	60.00	0.84
认证主体		协会					全样本			
认证规模	51	786.95	1119.65	5652.00	6.70	981	1487.35	6330.74	116725.00	0.67
销售额度	51	6396.47	17917.08	118800.00	0.00	981	3434.72	12406.91	260234.00	0.00
单位收益	51	13.27	31.69	213.64	0.00	981	12.30	48.03	1000.00	0.00

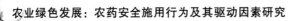
表4—6　基于品种分类的认证规模及销售情况

单位：家，公顷，万元，万元/公顷

统计指标	数量	平均值	标准差	最大值	最小值	数量	平均值	标准差	最大值	最小值
认证品种	粮油类					蔬菜类				
认证规模	156	3576.07	7068.04	36700.00	2.00	453	990.42	2970.14	43624.00	0.67
销售额度	156	6744.15	23919.30	260234.00	0.00	453	3278.51	10278.24	103045.00	0.00
单位收益	156	13.83	95.78	1000.00	0.00	453	9.60	23.42	310.50	0.00
认证品种	水果类					食用菌类				
认证规模	257	348.46	613.19	3896.67	1.00	40	7648.22	25142.51	116725.00	3.00
销售额度	257	2252.97	6151.33	66533.25	0.00	40	1180.39	1899.22	10000.00	0.00
单位收益	257	12.87	24.66	213.64	0.00	40	34.23	75.41	444.44	0.00
认证品种	茶叶类					全样本				
认证规模	75	761.09	1232.10	8001.00	12.00	981	1487.35	6330.74	116725.00	0.67
销售额度	75	2746.37	5547.22	40000.00	0.00	981	3434.72	12406.91	260234.00	0.00
单位收益	75	11.71	50.77	416.67	0.00	981	12.30	48.03	1000.00	0.00

这是由于这些产品中无公害认证土地存在未生产，或未完全生产，或未产生经济效益等原因，当剔除了零收益数据后，单位收益排序依次是食用菌类（34.23）、粮油类（13.83）、水果类（12.87）、茶叶类（11.71）、蔬菜类（9.60），可以推断认证耕地存在未完全种植情况。

三　认证的空间涟漪效应

由于城镇化率、消费市场规模、认证支持政策及各地区间资源禀赋条件的差异，四川省无公害认证呈现空间涟漪效应[①]。讨论无公害认证的空间涟漪效应，首先，从经济、城镇化率、交通便利度等方面出发，选择成都作为四川省中心城市。成都市 2016 年 GDP 占全省的 37.24%，2016 年末常住人口达到 1591.80 万人，占全省的 19.27%，符合区位中心城市选择标准。其次，求得各地区距离中心城市成都的空间距离和经济距离。空间距离为各县（区、市）与成都的最近交通距离[②]，反映了安全认证在地理空间上的涟漪分布现象；经济距离为各县（区、市）与成都的人均 GDP 差距，反映了安全认证在经济面上的分析情况。经济距离是商品、服务、劳务、资本、信息和观念穿越空间的难易程度，体现了时间和货币成本，是对市场准入和供给获得难易程度的有效衡量（Redding and Venables，2004）。最后，将生产规模、销售额分别与空间距离、经济距离作散点图，见图 4-9 至图 4-12。

无公害认证生产规模存在空间自相关性，呈现涟漪效应特征。由图 4-9 可知，总体来看，无公害认证规模与距离中心城市成都的空间距离呈反向关系，即随着空间距离增加，认证规模逐步减少。通过分品种比较发现，粮油类、蔬菜类、水果类、食用菌类都存在涟漪效应，而茶叶类因其地域性较强，主要分布在距离中心城市 70—150 千米和 260—350 千米。说明认证规模在空间距离线上呈递减趋势，存在空间自相关性。由图 4-10 可知，生产规模在经济距离面上存在空

---

①　涟漪效应在经济学上的定义，指技术、信息、经验和新观念等在经济区域之间扩散传播的过程，其能量不断消耗、速度逐渐降低、影响逐渐减小。像池塘中扩散的涟漪一样的现象，又称"衰减效应"。

②　空间距离即为地理距离，资料来源于百度地图驾车距离的显示数据。

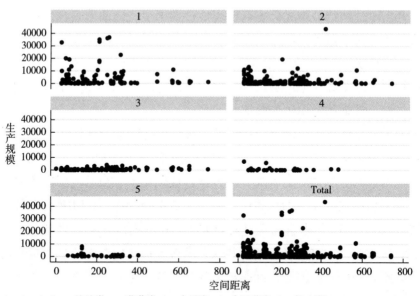

Graphs by 1=粮油类；2=蔬菜类；3=水果类；4=食用菌类；5=茶叶类

图 4 - 9　分品种的生产规模与空间距离散点

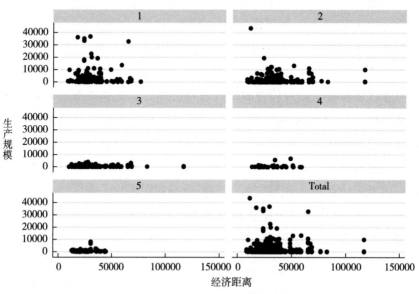

Graphs by 1=粮油类；2=蔬菜类；3=水果类；4=食用菌类；5=茶叶类

图 4 - 10　分品种的生产规模与经济距离散点

间自相关性，总体上看，可近似趋于涟漪效应。粮油类、蔬菜类、水果类大致呈涟漪效应特征，而食用菌类、茶叶类主要集中在20000—50000元/人和15000—45000元/人。在经济距离上更具聚集效应，而在空间距离上分布较为广泛。空间距离反映了距离中心消费市场距离，根据产品特征及地域特色分布范围较广，而经济距离反映了市场消费能力和市场开放程度，经济距离越近，意味着相互间贸易阻碍越少。目前关于经济距离的研究主要在国际间贸易中，经济距离越小，则贸易自由和便利化程度更高、贸易壁垒更低（聂文静等，2015），还有研究产业间的经济距离模型（赵放等，2012；唐志鹏等，2013）。

无公害认证销售额存在空间自相关性，呈现涟漪效应特征。由图4-11和图4-12可知，总体上看，销售额与空间距离和经济距离都随距离衰减。粮油类、蔬菜类、水果类存在涟漪效应，经济距离分布相对较为集中。在四川省内，成都具有较强的"虹吸效应"，刺激更多农业经营者申请无公害认证，并且随着城市发展这种效应更强，并且向外围扩展。因为随着城市扩张，都市周边农业用地趋于紧张，适宜无公害种植的耕地更加缺乏，距离中心城市越近，无公害种植业经营者越偏向于完全利用土地生产，距离越远，因高运输成本和销售困难，会选择传统经营，或未完全利用认证土地。

通过地理空间和经济面上的涟漪效应分布特征，即其空间扩散性和随地理衰减特征，对其原因进行如下解释：一是中心市场效应。安全认证农产品属于需求型产品，其优质优价特征决定了消费群体层级，无公害、绿色、有机认证农产品因其生产成本、生产规模不同，使得市场价格逐级升高，收入水平越高的人群越会偏向于更高级认证农产品，而高收入人群区域聚集一般都在一省的中心城市，从经济、交通、常住人口等方面考察，成都即为四川省中心城市，安全认证以成都为中心向周围呈波峰渐小的涟漪效应变化。二是技术扩散效应。技术扩散使邻近地区认证表现存在高度自相关性（Anselin et al.，1998），而技术扩散受到空间距离和资源禀赋条件的影响（Martin and Ottoviano，2001）。高鸣和宋洪远（2014）研究我国省域粮食生产技术

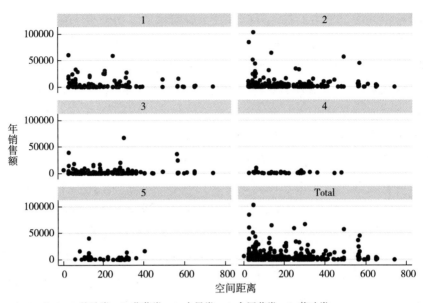

Graphs by 1=粮油类；2=蔬菜类；3=水果类；4=食用菌类；5=茶叶类

图4-11　分品种的年销售额与空间距离散点

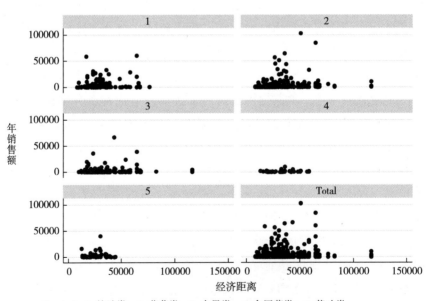

Graphs by 1=粮油类；2=蔬菜类；3=水果类；4=食用菌类；5=茶叶类

图4-12　分品种的年销售额与经济距离散点

效率空间收敛性，发现以技术效率溢出较强的省区为中心向周围散开，技术效率值递减，形成"涟漪效应"，从长期（小范围）来看，毗邻省域间的粮食生产效率存在趋同现象，最终形成"规模效应"。因技术扩散和模仿效应，安全认证易形成区域性安全，形成集聚效应，且越靠近城市周边集聚效应越强。三是经济溢出效应。根据房价的涟漪效应研究，中心城市的经济溢出会对周边城市房价产生影响，这种影响力度随距离增加逐渐减弱（李永友，2014；王策等，2016），影响因素有产业相似度、交通便捷性、市场信息距离、开放度、社会文化距离等（王书斌等，2017）。成都对周边城市经济辐射带动能力呈随距离增加而减弱的趋势，经济溢出包括全社会所有经济产业，对安全认证存在间接效应，经济发展带动城镇化率和居民收入水平提高，进而提高安全认证农产品消费层级，基于物流成本节约和新鲜度保证角度，城市越大其周边安全认证农产品将会越多。

四　认证的集聚效应

对无公害认证的涟漪效应分析，发现安全认证规模和销售额存在集聚效应，空间距离上主要集中在成都周围 400 千米以内，经济距离上主要集中在 1 万—4 万元/人。产业和人口集聚有助于城市居民获得更高收入（周玉龙等，2015），为无公害农产品提供消费潜力和能力。表 4-7 为相关性系数表，由此可知，认证规模、销售额都与至成都距离负相关，且销售额呈 5% 显著性，表明随着向成都外围延伸，认证规模、销售额呈递减趋势。地域品牌、特色农产品更具集聚效应，以凸显公共品牌价值和市场影响力，认证上表现为技术溢出，通过互相模仿、学习，最终实现区域安全性。销售额与县域城镇人口、县域 GDP 呈显著正相关关系，说明城镇化水平越高、经济发展越好，无公害农产品销售额会越高。单位收益与至成都市距离相关系数为 −0.0426，但不显著，而与县域城镇人口、县域 GDP 呈显著性正相关，说明单位收益随着市场消费能力的增强而提高，人口聚集和经济聚集会促使高单位收益聚集，提高劳动生产率。Duranton 和 Puga（2004）也指出经济集聚以分享、匹配和学习三种机制作用于劳动生产率，而城镇规模扩大同样有利于劳动生产率提高（Moomaw，

1981)。Rosenthal 和 Strange（2004）认为，除了上述三种作用机制外，自然优势、本地市场效应、消费机会和寻租行为同样会促进经济集聚产生，进而影响劳动生产率。在国内研究中，符淼（2009）发现技术和经济活动都存在局部集聚，技术集聚度高于经济，两者的集聚度随时间增强，地理分布高度一致，而随地理距离快速下降的技术溢出效应是导致局部集聚和东西部发展不均问题的原因之一。

表4-7 相关性系数结果

变量	认证规模	销售额度	单位收益	至成都距离	至地级市距离	县域城镇人口	县域GDP
认证规模	1.0000						
销售额度	0.2883 ***	1.0000					
单位收益	-0.0489	0.0652 **	1.0000				
至成都距离	-0.0302	-0.0782 **	-0.0426	1.0000			
至地级市距离	0.0274	-0.0079	-0.0220	0.4590 ***	1.0000		
县域城镇人口	0.0321	0.1005 ***	0.0799 **	-0.3984 ***	-0.4129 ***	1.0000	
县域GDP	0.0309	0.1206 ***	0.0767 **	-0.4216 ***	-0.3317 ***	0.8498 ***	1.0000

注：表中 *、**、*** 分别表示10%、5%、1%的显著性检验；下同。

为验证安全认证的集聚效应，及安全生产技术的空间外溢效应，需要对其进行空间自相关性分析。空间自相关可以用来衡量区域属性值的集聚程度，即地理邻接的地区是否具有相似的生产属性值，是测度地理属性值空间关联性的重要方法。Moran 在 1949 年提出的莫兰指数（Moran's I 指数）是空间自相关分析的普遍方法，强调区域统计值与均值差异的共变性。分别运用全局和局部空间自相关性进行检验。其公式如下：

$$Moran's \ I = \frac{n \sum_{i=1}^{n} \sum_{j=1}^{n} w_{ij}(x_i - \overline{x})(x_j - \overline{x})}{\sum_{i=1}^{n} \sum_{j=1}^{n} w_{ij}(x_i - \overline{x})} \quad (4-1)$$

$$\overline{x} = \frac{1}{n} \sum_{i=1}^{n} x_i \quad (4-2)$$

式中，x_i、x_j表示地区i、j的无公害认证规模，或销售额，n为地区数，此处为四川省市州数量（$n=21$），w_{ij}为区域邻接空间权重矩阵。Moran's I $\in$［-1，1］。当$I>0$趋近1时，表明认证特征具有空间自相关性，空间地理现象呈现相似（高高或低低）的集聚态势；当$I<0$趋近于-1时，表明认证特征存在负空间自相关性，空间地理现象呈现相异（高低或低高）的集聚态势；当I趋近于0时，表明认证特征值不存在空间自相关性。本书利用Stata14.0软件测度了2013—2015年四川省各市州种植业无公害认证的认证规模、销售额度的全局莫兰指数及其相关性，结果见表4-8。从认证规模上看，各年份全局莫兰指数为负，且不显著，表明认证规模空间上呈离散区域。销售额从离散状态发展到较为显著的H—H集聚区，说明认证规模高的区域在空间上集聚，形成区域安全效应。

表4-8　　　　　　2013—2015年无公害认证规模及销售额度的
莫兰指数检验结果

分类 年份	认证规模				销售额度			
	莫兰指数	标准差	Z值	P值	莫兰指数	标准差	Z值	P值
2013	-0.137	0.105	-0.823	0.410	-0.170	0.089	-1.349	0.177
2014	-0.137	0.105	-0.823	0.410	-0.114	0.093	-0.685	0.153
2015	-0.135	0.109	-0.772	0.440	0.056	0.112	0.953	0.106

全局莫兰指数衡量的是全局范围内认证特征的空间相关性。正如潘文卿（2012）所言，在地域广袤的中国，不同区域间的关联状况往往具有不同特征。即便在同一省内，特别是像四川省这样面积覆盖范围广、地形特征复杂多样，各市州也同样存在空间异质性，而全局莫兰指数却忽视了空间异质性的影响。为解决这一问题，Anselin（1995）提出了局部莫兰指数。局部莫兰指数用于衡量某区域内认证规模或销售额的空间分布状况，以销售额得到莫兰指数散点图，见图3-13。四个象限的集群模式如下：右上方第一象限表示高水平区域周围也是高水平区域（H—H），表现为正相关性；左上方的第二象限

表示低水平区域被高水平区域包围（L—H），体现负相关性；左下方的第三象限表示低水平区域周围是低水平区域被水平区域包围（L—L），体现正相关性；右下方的第四象限表示高水平区域被低水平区域包围（H—L），体现负相关性。由图4-13可知，绝大多数市州处于第二、第三象限，即L—H区域和L—L区域，第二、第四象限显示呈离散状态，其他莫兰指数趋于0的地区，则不存在空间自相关性。说明四川省种植业无公害认证销售额存在空间自相关性，认证销售额较低的市州在空间上趋于集中，成都位于第四现象，表明高销售额地区被低销售额地区包围。

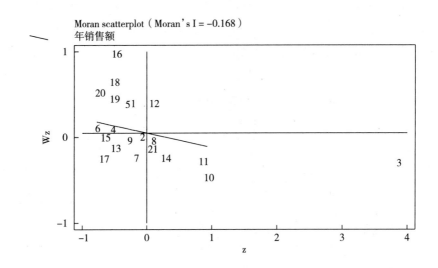

图4-13　局部莫兰指数散点

注：图中1=阿坝州，2=巴中，3=成都，4=达州，5=德阳，6=甘孜州，7=广安，8=广元，9=乐山，10=凉山州，11=泸州，12=眉山，13=绵阳，14=南充，15=内江，16=攀枝花，17=遂宁，18=雅安，19=宜宾，20=资阳，21=自贡。

五　认证的示范效应

因存在地理邻近性，同一区域内种植户会互相学习、模仿，品种、技术上长期存在趋同性，在市场上既存在竞争关系又存在抱团行为。在安全生产技术学习中，包括农药安全施用行为，存在"同伴效应"、安全技术扩散效应,形成"近朱者赤,近墨者黑"情形。若安全农产品得到优质优价保证,种植户会获得相对更高收益,形成示范性,受到高利润激励,其他农户会存在模仿效应,进而促进安全技术使用,长期形成区域安全性。

为验证安全示范性效应,对农产品质量安全监测示范县政策下认证行为的比较分析,结果见表4-9。发现农产品质量安全监测示范县种植业无公害认证数量、规模、销售额均显著高于非示范县,示范县种植户更偏向于申请安全认证,一方面是示范县扶持政策的激励效果,另一方面也是安全溢出的示范效果。

表4-9　　　　　　　　　基于安全监测示范县的认证情况

认证情况	认证数量	认证规模			
是否为示范县		平均值	标准差	最大值	最小值
农产品质量安全监测示范县	569.00***	1677.91***	7566.55	116725.00	0.67
非农产品质量安全监测示范县	412.00***	1224.18***	4039.94	43624.00	1.00
认证情况	单位收益	销售额度			
是否为示范县		平均值	标准差	最大值	最小值
农产品质量安全监测示范县	11.94***	3877.91***	14391.03	260234.00	0.00
非农产品质量安全监测示范县	12.79***	2822.63***	8954.18	103045.00	0.00

第四节　小结

本章重点考察了农药行业发展历史,农药投入情况,及农产品安全生产发展阶段和安全认证现状特征。主要研究概况如下:

第一,对世界和我国农药发展历史脉络进行梳理,农药发展史以20世纪40年代为节点,分为之前的天然和无机药物时期、之后的有机合成农药两个时代,当前农药行业已开始转向环境友好型发展。

第二,在农药投入方面,农药使用量和单位投入强度持续增长,农药产出弹性呈先升后降趋势，农药投入强度在不同地区、不同作物上的表现存在差异。

第三，从 1949 年新中国成立初期开始，我国安全农产品生产发展大致经历了四个阶段：数量保证阶段（1949—1977 年）、增产扩类阶段（1978—1984 年）、结构转型阶段（1985—2003 年）和全面提质增效阶段（2004 年至今）。现实中人们对安全农产品的消费需求与现实选择仍存在较大差距。政府对农产品安全的规制行为在制度和法规层面逐步规范和健全，农产品品质安全提升将是未来较长时期内我国农业发展的重点和目标。

第四，"三品一标"等安全认证是农产品安全生产的最终行为和价值体现，能有效揭示安全信号，解决信息不对称问题。比较了三品认证差异，分析了四川省无公害认证农产品的规模效应、结构效应、涟漪效应、集聚效应及示范效应。

第五章

资产专用性对农药安全
施用影响的研究

资产专用性对农药安全施用作用机理前文中已通过理论和数理推导讨论,进一步体现出安全农产品是"产出来"的,农业生产者是控制农药残留的源头,而农药不合理施用的根本原因是信息不对称问题,使农户不合理配置专用性资产,产生施药行为的不确定性和不安全性,并且可能产生逆向选择和道德风险,故本章节将探讨资产专用性对农药安全施用的直接影响,还会讨论因信息不对称造成专用性资产投入差异,进而影响农药安全施用。具体研究框架如下,首先,对理论假说进行阐释和整理,运用 Probit、零膨胀泊松回归方法构建资产专用性对硬约束和软约束下农药安全施用影响的实证模型;其次,为深入揭示农药不安全施用原因,基于信息不对称视角分别讨论了各专用性资产对农药安全施用行为的影响;最后,为验证研究结果的可靠性,还作了内生性讨论和稳健性检验。

第一节 资产专用性对农药安全施用
行为影响的实证分析

一 影响机理与研究假说

物质资产专用性可促进农药安全施用。物质专用性资产代表了种植作物为多年生作物，如水果、茶叶等，非物质专用性资产则为水稻、蔬菜等少于一年生作物。物质专用性资产初始投入大且回收期长，存在强"锁定效应"和高转换成本。一旦锁定到某项作物上，其他用途便会受到限制，也会附带更多相关投入，造成高沉淀成本和转换成本，为获得更多更长远收益，强物质专用性资产生产者往往更加注重病虫害防治和安全投入，促使其安全施药，预防为主。因此，物质专用性资产对农药安全施用的影响因作物异质性、地区差异性而存在不确定性。

技术资产专用性对农药安全施用具有改进作用。种植技术专用性资产具有强锁定效应和转换成本，种植户对该项技术依赖性较强，更换技术的机会成本和困难程度相对较大，其在"从干中学"和"向他人学"中不断积累技术经验，投入了较高学习成本，使自我技术与他人标准技术差距逐渐缩小，在"模仿效应"中改进安全施药行为。但若技术专用性资产弱，则会出现不合理、不科学施药，增加农药残留风险，种植风险也偏高。因此，技术专用性资产通过"从干中学"和"向他人学"共同促进农户改进农药安全施用。

组织专用性资产有利于农药安全施用。组织专用性资产用合作社参与表示，合作社对成员存在技术培训、标准统一、质量约束等方面作用，合作组织存在溢出效应，组织成员可能拥有更多信息、技术、价格等方面优势，在交易中通过联盟形式占据主动。规范化合作社能够实现成员在农资、施药等生产环节统防统治，社员间的邻近效应、声誉效应，及组织的处罚措施，使社员偏向于安全施药，以获得组织收益分红。因此，组织专用性资产因其本身组织效应强弱，对农药安全施用的约束或激励水平存在差别。

人力专用性资产对农药安全施用存在不确定性。人力专用性资产以人力数量和质量来表示，具体为受教育程度、劳动力数量、种植经验、健康状况等。因人力要素与农药间存在要素替代性，如劳动力数量与除草剂间，施药次数及施药量随着劳动力变化而反向变化；劳动力受教育程度越高、种植经验越丰富，其安全施药技术越成熟，但若其拥有非农且获得非农工作，则他们从事农业生产面临较高的机会成本，倾向于减少配置农业生产方面的劳动力要素和生产资料。因此，人力专用性资产会形成对农药的要素替代或互补，进而影响农药安全施用。

关系专用性资产有利于农药安全施用。关系专用性资产用政治权利表示，具体为家庭党员、村干部情况，反映了家庭信息获得能力和谈判能力，以及身份效应带来的自我约束能力。政治权利越大，农户获得安全生产政策信息、市场需求信息越迅速和广泛，安全意识越强，会针对市场中安全农产品价格优势优先实施安全用药；在土地租赁方面，谈判能力更强，促使其获得更长租赁契约；因党员、村干部本身的身份效应，他们会因带头示范作用和声誉效应，使其加强自我约束，对安全施药更加严格控制。因此，关系专用性资产因政治权利优势和身份效应促使农药安全施用。

地理专用性资产对农药安全施用存在不确定性。地理资产专用性包括土地规模、地块类型等，若地形有利于规模化和机械化种植，使用机械施药有利于用药标准化、安全化。但随着经营面积持续增加，一方面因农药管理监督不足，可能存在不安全用药情形；另一方面因成本控制，降低农药使用量和施药次数，也会对农药安全产生影响。因此，地理专用性资产不同导致要素投入差异，进而造成农药安全施用行为差别。

价格溢出可促进农药安全施用。利润是农药安全施用行为的根本动机，也是安全价值溢出的表现。安全价格溢出是优质优价市场的体现，安全农产品需要投入更高成本，市场划分了质量等级和消费层级，安全价格溢出效应 $[(p_i - p_0)/p_0]$ 越高，越有利于激励农户种植安全农产品，实施安全用药行为。消费者的支付意愿随着食品安全的加强而增加（龚强等，2013），周应恒和彭晓佳（2006）的研究表明，消费者对低残留青菜中食品安全的平均支付意愿达到了2.68元/斤，其价格溢出为335%。因此，安全价值通过价格溢出体现，进而促进农药安全施用。

政府行为利于农户采取农药安全施用行为。政府行为包括政府规制和政策激励，本书以省级农产品质量安全监管示范县为政府规制行为，质量安全监管示范县存在更严格、更健全的监管体系和检测体系，及考核和问责制度，通过设立质量安全工作专门机构，计划专项财政预算，实现全程监管，提高全域标准化生产水平。若是安全监管示范县，从农药生产、销售到使用都会有更严格要求和监管，特别是要求严格执行农药安全间隔期（休药期），实施病虫害绿色防控及统防统治措施，提高"三品一标"认证规模。因此，政府规制有利于促进农药安全施用。

品牌效应利于农户采取农药安全施用行为。鉴于区域公用品牌具备地理属性和集体知识产权属性，既反映了各地自然资源和气候环境的先天差异性，也反映了各地政府相关部门和品牌经营者的后天作为。作为一种公共资产，具有正外部性；因其高度地域性，具有一定的垄断性，产生了品牌溢价；公共品牌也提供了"质量信号"和"识别信号"，减少消费者购买搜寻和消费成本。在农产品区域公用品牌建设中存在"学习效应"，即某一农产品区域公用品牌建设会引发其他农产品区域公用品牌学习、建设，形成示范效应①。同时品牌化程度越高、影响力越大的产品越易受到政府支持，进一步强化市场中品牌价值，形成规模经济及产业聚集，获得成本优势和品牌溢价；反之则不能形成品牌附加值，部分会形成"马太效应"，但同时也存在协同效应，即单个品牌发展形成区域协同，或多个地区共用一个产品品牌，或多个产品共用一个地区品牌。当品牌效应建立后，品牌价值溢出愈明显，种植户因重视声誉和归属性，会努力提高农产品质量安全，采取农药安全施用行为，但当存在"搭便车"或降低农产品质量等行为，进而损害公共品牌，则会造成区域品牌的声誉下降，造成恶性循环。以原产地品牌为例，以区域优势资源为基础，具有区域认知趋同光环效应、区域规模经济效应以及区域范围经济效应（王兴元等，2017），从消费视角，适度品牌溢价正向影响消费者购买意愿（张传统等，2014）。因此，品牌效应在不存在"搭便车"情形下，有利于农户改进施药行为。

---

① 资料参考《中国农产品区域公用品牌价值评估报告（2010）》。

社会化服务会有利于农药安全施用。以是否有村农资供应商来表示社会化服务水平，建有村农资供应商的地区农户更易获得农药安全施用技术，农户在购买、施药技术咨询上更具便利性，保证农药施用科学、安全。

结合上述理论分析提出并归纳出本章节的研究假说，见表 5 – 1。

表 5 – 1　　资产专用性对农药安全施用影响的研究假说归纳[①]

编号	假说内容	预期结果	作用机理
H1	物质专用性资产对农药安全施用行为的影响	+	强"锁定效应"、高转换成本及较长土地契约促进物质专用性资产投入
H2	技术专用性资产对农药安全施用行为的影响	+	通过"从干中学"和"向他人学"一起促进农户改善农药安全施用行为
H3	组织专用性资产对农药安全施用行为的影响	+	通过横向合作组织和纵向供应链组织的契约关系改进农药安全施用行为
H4	人力资产专用性对农药安全施用行为的影响	+ / –	通过对农药要素的替代或互补，进而影响农户施药行为
H5	关系资产专用性对农药安全施用行为的影响	+	因政治权利优势和身份效应促使农药安全施用
H6	地理资产专用性对农药安全施用行为的影响	+ / –	因土地规模、地块类型、市场交通条件的差异性导致施药行为不同
H7	不确定性对农药安全施用行为的影响	+ / –	客观环境不确定性和种植机会主义不确定性都对农药安全施用行为产生影响
H8	价格溢出对农药安全施用行为的影响	+	安全农产品价格溢出会促进农户选择农药安全施用行为
H9	政府规制对农药安全施用行为的影响	+	政府安全规制利于农药安全和农药安全施用行为

① 前文理论假说中机械资产专用性程度不同，农户对其依附程度不同，进而导致农户的施药行为产生差异，通过调研数据中机械资产专用性和农药安全施用行为相关性分析，发现结果方向与理论推导相悖，究其原因可能是因为机械范围过于宽泛，而非界定在施药机械上，但因不同作物现代施药机械使用程度不同，故本书实证分析中不再讨论机械资产专用性对农药安全施用行为的影响。

编号	假说内容	预期结果	作用机理
H10	品牌效应对农药安全施用行为的影响	+	公共品牌因声誉效应和品牌溢出促进农户自我约束施药行为
H11	同伴效应对农药安全施用行为的影响	+ / -	邻近效应和模仿效应使农户偏向于靠近邻居施药行为，行为安全存在不确定性
H12	农资服务对农药安全施用行为的影响	+	农资供应服务会促进农药安全施用技术传递和扩散

二 模型构建与指标选择

(一) 模型构建

1. Probit 模型

农药安全施用行为本书研究将其界定为硬约束下和软约束下的农药安全施用行为，硬约束表示政策法规明文规定不允许或禁止行为，即用"违禁农药使用"（banned_pesticide）、"安全间隔期施药"（safety_interval）来反映；软约束表示非政策法规规定行为但对农药残留直接产生影响的不科学施药行为，即用"标准剂量施药"（pesticide_dose）、"施药次数"（pesticide_number）来反映。其中 banned_pesticide、safety_interval、pesticide_dose 属于 0—1 的二值选择模型，常见的二值选择模型有 Probit 模型和 Logit 模型，两者原理相同，模型均如下：

$$p = p\{Y = 1 \mid x\} = \Phi(x^T\beta) \tag{5-1}$$

式中，p 表示概率，Φ 表示正态分布的累计分布函数，而 Logit 模型中表示为 Logistic 分布，β 为自变量系数。记被解释变量符合标准正态分布函数，采用 Probit 概率函数（probit function），函数公式如下：

$$probitit(p) = \Phi(\beta_0 + \sum_{i=1}^{n} \beta_i x_i) = \frac{1}{\sqrt{2\pi}} \int_{-\infty}^{\beta_0 + \sum_{i=1}^{n} \beta_i x_i} \exp\left(-\frac{z^2}{2}\right) dz \tag{5-2}$$

式中，β_0 为常数项，β_i 为待估参数，x_i 为自变量。

2. 零膨胀泊松回归模型

施药次数统计结果中存在"0"值和正数值，可以运用零膨胀泊松回归模型（ZIP），从理论上说，决策可能分为两阶段进行，则假定被解释变量服从以下混合分布：

$$
\begin{cases}
P(y_i = 0 \mid x_i) = \theta \\
P(y_i = j \mid x_i) = \dfrac{(1-\theta)\,e^{-\lambda_i}\lambda_i^{j}}{j!\,(1-e^{-\lambda_i})} \\
j = 1,\ 2,\ \cdots,\ N
\end{cases}
\tag{5-3}
$$

式中，λ_i 为 $\exp(x'\beta)$，而 $\theta > 0$，β 为待估参数。

（二）指标选择与资料来源

为实证分析上述研究假说，参照以往研究惯例，本书也设置了因变量、自变量和控制变量三个方面变量，具体变量选择如下。

1. 因变量选择

根据农户施药响应行为受到的约束压力不同，将农药安全施用行为分为硬约束下和软约束下施药行为，可以有效反映不同约束程度下农户的施药行为的影响因素，同时也体现了施药的改进过程，利于针对性提出解决对策。其中硬约束下施药行为是政策法规明文规定不允许或禁止的行为，具体用"违禁农药使用""安全间隔期施药"来反映；软约束下施药行为是非政策法规规定行为但对农药残留直接产生影响的不科学施药行为，具体用"标准剂量施药""施药次数"来反映。

2. 自变量选择

影响农药安全施用行为的因素包括资产专用性，及不确定性、信息不对称、价格溢出、同伴效应、政府规制、品牌效应及社会化服务等因素。

物质资产专用性。农药安全施用行为首要考虑作物类别，作物不同生产投入不同，施药行为也不同。影响农药安全施用行为的考虑因素之一为投入的沉淀成本和回收期，当沉没成本较高、回收期较长时，且土地契约一般较长，为保证长期利益，降低经营风险，农户偏向于选择农药安全施用。将"是否为多年生作物"作为物质资产专用性划分依据，假定水果、茶叶等多年生作物具备物质资产专用性，粮食、蔬菜等低于一年生作物则不具备物质资产专用性。

技术资产专用性。因存在技术与作物的要素错配情形，若农户未掌握种植技术，初期则会产生不合理施药行为，但随着种植经验积累，在"干中学"和"向他人学"中逐渐获得安全种植技术，区域内个体间施药行为呈趋同性变迁，促进区域农产品安全。技术资产专用性用该项作物种植年限、"是否参加技术培训"来表示。

组织资产专用性。农户参与的横向合作组织和纵向垂直一体化程度会影响农户的农药安全施用行为，由前文理论分析可知，其影响机理主要通过信息宣传、组织监管、技术培训、声誉效应、邻近效应来影响农药安全施用行为。故将组织资产专用性用"是否参加合作社"表示。

人力资产专用性。人力资产专用性包括家庭劳动力数量、户主受教育程度及健康状况，从劳动力数量和质量两个方面来反映人力资产专用性程度。劳动力数量反映了劳动力与经营面积的要素错配情况，当经营面积受到劳动力约束时，有限劳动力可能会不规范施药、加大农药剂量；劳动力质量反映了经营者对农药残留及食品安全的认知水平，认知差异通过意愿态度最终导致行为发生。

关系资产专用性。关系资产专用性用"是否为村干部""是否为党员"表示，即反映了被调查者在村集体中所处地位，若是村干部和党员，一方面会拥有更广泛的信息渠道，另一方面会起到带头示范作用，及相对较强的谈判能力，从而影响村民生产行为。

地理资产专用性。地理资产专用性采用经营作物面积及土地细碎化表示。在传统农户和新型经营主体共存情况下，加上严格的耕地保护制度，耕地作为种植业生产的基本载体，存在劳动力与经营面积错配情况，因劳动力要素存在错配现象，农药安全施用与经营面积可能呈倒"U"形分布，即在临界点之前随着经营面积增加，农药安全施用行为逐渐改进，当达到一定值后，因劳动力约束和管理监督失效，不合理施药风险相应增加。土地细碎化因不利于机器施药，往往农户配药不会因不同地块的病虫害程度差异而调整。

不确定因素。不确定因素主要包括地理的不确定性和销售的不确定性，前者包括灌溉水源充足程度、地势平坦程度，后者包括"是否签订稳定销售合同""农产品销售是否通过中间商"。地理的不确定性会产生病虫害差异及专用性资产投入差异，销售的不确定性也会影响专用性资产的投入，且容易引起机会主义行为。

信息不对称因素。农产品质量安全属性信息不对称是农产品质量安全问题产生的根源问题，众多学术成果讨论了降低信息不对称来提高农产品质量安全水平的途径和绩效。郑少峰（2010）指出"不对称不完全信息"和"对称不完全信息"是农产品质量安全市场的基本特征，是导致农产品质量安全水平无法持续提高的根本原因。质量信息的不对称还会导致逆向选择，低质量农产品将高质量农产品驱逐出市场，出现"柠檬市场"现象，最终达到零值均衡（Akerlof，1970）。其后果一方面因高质量农产品更优质、更安全而导致消费者福利损失；另一方面因高质量农产品包含着高技术水平，导致高技术应用弱化，研发及创新也减少，从而对地区经济发展产生消极的深远影响。信息不对称产生的原因，主要包括市场主体知识的有限性、信息获取能力的有限性、高搜寻信息成本、信息优势方的信息垄断故意、必要的信息传递渠道不畅、商品品质的特殊性等（黄炳坤，2002；陈汇才，2011）。因此，将信息不对称归咎于信息搜寻成本过高和信息获取有限，前者假定用市场距离和交通成本表示，后者用对农药残留认知表示。

同伴效应。同伴效应是指个体行为会受到群体行为的影响，往往表现为群体中的个体对一个领导的跟随，或者直接形成一种群体的隐形规范（Leary et al.，2014）。也可理解为"邻近效应"，或"模仿效应"，其主要原因是信息不对称，当噪声信号和信息不对称存在时，获取准确信息成本较高，从而使得个体需要依靠对同伴行为（市场公开信息）的观察来推测和提取信息。因信息不对称、环境不确定情况存在，使这种"混乱式学习"的"搭便车"行为也可能产生"搭错车"（傅超等，2015）。在农业生产中，因农户间的地理邻近性、文化邻近性、制度邻近性、社会关系邻近性及组织邻近性，使同一作物种植户间会互相模仿、学习，他人行为对其影响程度决定了农户行为的合理性或有偏性，农药安全施用方法更吻合"向他人学"过程。因此，同伴效应用"受同行影响程度"来表示。

基于前文理论分析讨论，政府规制用"是否为省级农产品质量安全监管示范县"表示；品牌效应用"是否为公共（区域）品牌"表示；社会化服务用"是否有村农资供应商"表示。

3. 控制变量

除了上述资产专用性等自变量外，农户个体特征、家庭特征、其他要素投入等因素也会影响其施药行为，在文献参考的基础上，研究设定了9个控制变量，具体包括：性别、年龄、家庭人口、家庭非农收入占比、农业补贴水平、经营作物投入成本、土地租金，同时将经营品种、地区控制。

三　资料来源与描述性统计

（一）资料来源

本书的数据来自 2017 年 7—9 月对四川省样本点实地调研获得。调研考虑了自然、区位、经济、人口、城市发展条件等方面差异，结合种植业品种、经营组织模式、安全监管示范县、公共品牌因素，共获得有效问卷 605 份。从作物类别看，粮食作物有 298 份，占 49.26%，蔬菜有 161 份，占 26.61%，水果有 138 份，占 22.81%，其余为茶叶；从经营组织模式看，以散户为主，有 492 户，占 81.32%，合作社 47 户，占 7.77%，家庭农场 52 户，占 8.60%，其余为专业大户；安全监管示范县比较，省级及以上示范县调研农户 416 户，占 68.76%，国家级示范县调研农户 75 户，占 12.40%；区域公用品牌角度，有 84 户经营品种为区域公共品牌，占 13.88%。调研中违禁农药范围依据《2017 年国家禁用和限用的农药名录》，为避免品种不同导致的施药差别，因变量选择上规避了该问题，同时将品种变量加以控制。

（二）描述性统计分析

基于调研数据对研究变量作描述性统计分析，统计结果见表 5-2。违禁农药使用平均值为 0.157，样本中有 95 户使用了禁用和限用农药，说明当前仍存在生产、销售和使用违禁农药情况，作物组间比较，发现蔬菜种植户使用违禁农药概率更高；安全间隔期指标均值为 0.719，有 435 户（占 71.90%）在施药时会考虑农药安全停药期，说

表 5-2　变量的描述性统计

属性	自变量	变量代码	变量赋值	均值	标准差	最大值	最小值
硬约束下	违禁农药使用	banned_pesticide	0=未使用违禁农药；1=使用过违禁农药	0.157	0.364	1	0
软约束下	安全间隔期施药	safety_interval	0=未考虑安全间隔期；1=考虑安全间隔期	0.719	0.450	1	0
	施药次数	pesticide_number	实际数值（单位：次）	3.078	1.743	12	1
	按施药剂量施药	pesticide_dose	0=未按标准施药；1=按标准施药	0.790	0.408	1	0
物质资产专用性	是否为多年生作物	perennial_crops	0=粮食，蔬菜作物；1=水果，茶叶作物	0.311	0.463	1	0
技术资产专用性	种植年限	planting_years	实际数值（单位：年）	27.137	14.500	60	0
	技术培训	training	0=未参加过技术培训；1=参加过技术培训	0.671	0.470	1	0
组织资产专用性	合作社	cooperative	0=未加入合作社；1=加入合作社	0.223	0.417	1	0
	受教育程度	eduction	1=小学及以下；2=初中；3=高中或中专；4=大专，本科及以上	1.722	0.799	5	1
人力资产专用性	家庭劳动力数量	labors	实际数值（单位：人）	2.848	1.087	8	0
	健康状况	health	1=很差；2=差；3=一般；4=较健康；5=健康	4.102	1.065	5	1
关系资产专用性	村干部	village_cadres	0=无村干部；1=有村干部	0.231	0.422	1	0
	党员	party_member	0=无党员；1=有党员	0.255	0.436	1	0
地理资产专用性	经营作物面积	area	实际数值（单位：亩）	5.043	4.936	20	0.8
	经营作物面积平方	$area^2$	实际数值（单位：亩）	49.765	99.780	400	0.64
	土地细碎化	land_blocks	土地块数值（单位：块）	5.496	3.608	30	1

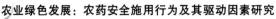

续表

属性	自变量	变量代码	变量赋值	均值	标准差	最大值	最小值
不确定性	灌溉水源不确定性	irrigation	1=极度匮乏；2=供给紧张；3=干旱时供给紧张；4=较为充裕；5=供给充足	3.707	1.054	5	1
	地势不确定性	topography	1=平坦；2=低洼；3=坡地	1.957	0.938	3	1
	耕地租期剩余不确定性	lease	流转租期剩余年限（单位：年）	1.939	3.713	12	0
	销售合同不确定性	contract	0=未签订购销合同；1=签订购销合同	0.111	0.314	1	0
	销售渠道不确定性	channel	0=未通过中间商销售；1=通过中间商销售	0.742	0.438	1	0
信息不对称	农药残留认知	pesticide_residues	1=非常清楚；2=比较清楚；3=一般；4=了解一点；5=不清楚	2.866	1.234	5	1
	市场距离	distance	实际数值（单位：千米）	4.531	2.914	20	0
	交通费用	transportation_costs	实际数值（单位：元）	5.653	3.318	20	0
	商品化率	commercialization	实际数值（单位：%）	74.87	25.61	100	0
价格溢出	销售价格	price	实际数值（单位：元/斤）	2.045	2.638	40	0.15
	无公害农产品价格预期	pollution-free_price	1=基本持平；2=1%—10%；3=11%—20%；4=21%—30%；5=31%以上	3.579	1.207	5	1
同伴效应	受同行影响程度	peer_influence	1=影响很大；2=影响较大；3=一般；4=影响较弱；5=没影响	3.069	1.109	5	1
政府规制	省级农产品质量安全监管示范县	demonstration_county	0=非省级安全示范县；1=省级安全示范县	0.688	0.464	1	0

续表

属性	自变量	变量代码	变量赋值	均值	标准差	最大值	最小值
品牌效应	公共（区域）品牌	public_brand	0＝非公共（区域）品牌；1＝公共（区域）品牌	0.139	0.346	1	0
社会化服务	村农资供应商	agricultural_suppliers	0＝无农资供应商；1＝有农资供应商	0.255	0.436	1	0
控制变量	性别	gender	0＝女；1＝男	0.620	0.486	1	0
	年龄	age	实际数值（单位：岁）	51.167	12.605	85	16
	家庭人口	family_number	实际数值（单位：人）	4.636	1.524	10	1
	非农收入占比	wage_income	实际数值（单位：1）	0.606	0.306	0.995	0
	农业补贴	subsidies	实际数值（单位：元）	506.452	309.689	1875	37.5
	投入成本	input_costs	实际数值（单位：元）	3319.820	3686.006	14000	288
	土地租金	rent	实际数值（单位：元）	201.207	344.249	1200	0
	品种	varieties	1＝粮食；2＝蔬菜；3＝水果；4＝茶叶	1.762	0.847	4	1
	县	county	调研点各个县	—	—	—	—

注：①人力资产专用性中家庭劳动力界定为年龄在18—60岁的男子，年龄在18—55岁的女子。②信息成本中市场距离指农户家庭距离最近农贸市场的距离，交通费用为距离最近农贸市场的往返车费或油费。③省级农产品质量安全监管示范县为四川省质量安全监管示范市、县。四川省农产品质量安全监管示范县自2012年开始启动的四批次示范市、县。示范县创建，目前已认定命名定级为四批次示范市、县。

明农户对安全间隔期的认识普遍较高，作物组间比较发现，水果种植户更注重安全间隔期，均值为0.75，蔬菜种植户安全间隔期意识最低，平均为0.65；施药次数均值为3.078次，不同作物施药次数也存在差异，其中蔬菜类最多，但一般性施药次数越多，农药残留概率越高；按标准剂量施药均值为0.790，有478户会按照施药标准进行喷施，作物组间比较发现，粮食种植户更偏向于按标准剂量施药，其平均值为0.84，高于蔬菜、水果的0.70、0.78。

物质资产专用性均值为0.311，样本中有188户种植多年生作物，包括水果、茶叶；技术资产专用性中种植年限平均达到27.137年，其中粮食、蔬菜、水果、茶叶种植年限均值分别为30.85年、25.34年、20.76年、16.20年，技术培训均值为0.671，说明农户经过多年技术积累和参加技术培训学习，大部分已掌握种植技术及农药施用方法；人力资产专用性中劳动力受教育水平较低，家庭中纯务农或兼业务农劳动力人数平均为1.44，健康状况相对较健康，说明农业生产劳动力短缺、素质较低、健康水平不高的问题；地理资产专用性中经营面积平均为5.043亩，其中粮食、蔬菜、水果、茶叶分别为4.85亩、8.36亩、9.46亩、4.94亩，土地块数分别为5.40块、5.65块、4.02块、2.16块，说明作物种植未成规模化经营，且土地细碎化严重，特别是粮食和蔬菜作物，将不利于机械化作业。从地理的不确定性看，样本户灌溉水存在一定紧张，耕地较为平坦，流转土地剩余租期平均为1.939，地权稳定性不足；从销售的不确定性看，销售合同不稳定，仅有67户会签订销售合同，且41户为水果种植户，销售渠道上74.21%比例都会选择中间商销售，销售不确定性较强。信息不对称因素中农药残留认知均值为2.866，粮食、蔬菜、水果、茶叶种植户的认知水平分别为3.12、2.64、2.65、1.75，蔬菜、水果、茶叶种植户对农药残留认知水平高于粮食作物，到市场距离和交通费用平均为4.531千米和5.653元。

四 农户资产专用性对农药安全施用行为的实证分析

（一）模型检验

在对样本进行实证回归时，容易受到自变量之间多重共线干扰，进而影响回归结果的准确性。为了避免多重共线对结果产生误差影响，需要对自变量进行多重共线性检验。基于 Stata14.0 软件利用方差膨胀因子进行共线性处理，检验结果中变量间的依赖程度方差膨胀因子平均值为 2.69，超过 10 的变量为经营面积，可得变量数据存在多重共线性问题。为解决面积导致的多重共线性问题，引入面积平方项，一方面避免了多重共线性问题，另一方面进一步讨论施药行为与面积的非线性变化趋势，讨论其是否存在最优值。

（二）回归结果及分析

本书利用 Stata14.0 软件对变量进行回归处理，估计结果见表 5-3。模型（1）、模型（2）、模型（3）运用 Probit 模型，模型（4）运用零膨胀泊松回归模型处理，结果中 Vuong 统计量为 3.21，远大于 1.96，故拒绝标准泊松回归，应使用零膨胀泊松回归。

表 5-3　　　　　　　　　　　　　　回归结果

类别		硬约束下		软约束下	
属性	变量代码	违禁农药使用	安全间隔期施药	标准剂量施药	施药次数
		（1）	（2）	（3）	（4）
物质资产专用性	perennial_crops	-0.219 * （0.199）	0.222 * （0.171）	0.335 * （0.185）	-0.059 （0.123）
技术资产专用性	planting_years	-0.017 *** （0.007）	0.001 （0.007）	0.003 （0.007）	0.008 * （0.005）
	training	-1.204 *** （0.183）	0.704 *** （0.156）	1.614 *** （0.170）	-0.297 ** （0.131）
组织资产专用性	cooperative	0.038 （0.276）	-0.083 （0.243）	-0.298 （0.226）	-0.216 （0.169）
人力资产专用性	eduction	-0.018 （0.127）	0.215 * （0.111）	0.021 （0.117）	-0.003 （0.088）
	labors	-0.395 *** （0.115）	0.085 （0.086）	0.154 * （0.097）	0.018 （0.058）
	health	0.248 ** （0.108）	0.080 （0.083）	0.162 ** （0.082）	0.020 （0.060）

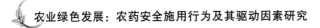

续表

类别		硬约束下		软约束下	
属性	变量代码	违禁农药使用	安全间隔期施药	标准剂量施药	施药次数
		（1）	（2）	（3）	（4）
关系资产专用性	village_cadres	-0.408*	0.039	0.496**	-0.033
		（0.244）	（0.185）	（0.221）	（0.117）
	party_member	-0.429*	0.374**	0.044	-0.062
		（0.226）	（0.189）	（0.196）	（0.120）
地理资产专用性	area	-0.077	0.078	0.028	-0.015
		（0.107）	（0.075）	（0.076）	（0.049）
	area^2	0.002	-0.004	-0.004	-0.0002
		（0.004）	（0.003）	（0.003）	（0.002）
	land_blocks	-0.009	-0.020	-0.015	-0.009
		（0.038）	（0.024）	（0.027）	（0.019）
不确定性	irrigation	0.183*	-0.186**	0.142*	0.065
		（0.102）	（0.086）	（0.084）	（0.069）
	topography	0.010	-0.174*	0.125	-0.038
		（0.111）	（0.094）	（0.097）	（0.067）
	lease	-0.127***	0.134***	0.030	-0.032
		（0.041）	（0.034）	（0.039）	（0.026）
	contract	-0.108*	0.836**	0.926**	-0.292
		（0.470）	（0.325）	（0.445）	（0.238）
	channel	0.013	-0.300*	-0.125	0.027
		（0.202）	（0.191）	（0.185）	（0.133）
价格溢出	commercialization	-0.011***	0.002	0.011***	0.002
		（0.004）	（0.004）	（0.004）	（0.003）
	price	-0.070*	0.047	0.070*	0.014
		（0.036）	（0.045））	（0.048）	（0.030）
	pollution_free_price	-0.003	0.005	0.032	-0.112**
		（0.094）	（0.075）	（0.074）	（0.052）
同伴效应	peer_influence	0.015	0.078	0.013	-0.038
		（0.092）	（0.073）	（0.077）	（0.055）

续表

类别		硬约束下		软约束下	
属性	变量代码	违禁农药使用	安全间隔期施药	标准剂量施药	施药次数
		（1）	（2）	（3）	（4）
政府规制	demonstration_county	−0.014*	0.661*	1.247**	−0.067
		（0.615）	（0.396）	（0.622）	（0.362）
品牌效应	public_brand	−0.754*	0.015*	0.308	−0.819**
		（0.649）	（0.435）	（0.412）	（0.360）
社会化服务	agricultural_suppliers	0.0713	0.257*	0.134*	0.332**
		（0.232）	（0.207）	（0.199）	（0.155）
控制变量	gender	0.153	0.078	−0.349**	−0.082
		（0.189）	（0.154）	（0.170）	（0.110）
	age	0.014*	0.007	0.001	0.003
		（0.009）	（0.008）	（0.009）	（0.006）
	family_number	0.093	−0.016	−0.068	0.064*
		（0.085）	（0.062）	（0.069）	（0.044）
	wage_income	0.244	0.087	−0.361	−0.001
		（0.378）	（0.311）	（0.336）	（0.227）
	subsidies	−2.44e−05	−0.001***	0.0001	0.0003
		（0.0003）	（0.0003）	（0.0003）	（0.0002）
	input_costs	−6.73e−05*	−6.61e−05*	3.96e−05	5.07e−05**
		（0.0004）	（0.0003）	（0.0004）	（0.0003）
	rent	0.001***	−0.001***	−0.0003	0.0005*
		（0.001）	（0.0004）	（0.0004）	（0.0003）
	varieties	已控制	已控制	已控制	已控制
	county	已控制	已控制	已控制	已控制
常数项	_cons	−0.369	−0.169	−3.671***	0.850
		（1.392）	（1.040）	（1.127）	（0.883）
拟合优度	R^2	0.359	0.341	0.348	0.581
F 值	F−value	175.59***	181.87***	179.80***	312.91***
样本量	N	605	605	605	605

注：*、**、***分别表示1%、5%、10%的显著性。括号内为标准误差；下同。

1. 资产专用性对农药安全施用行为的影响

一方面因农户资产专用性异质性，对农药安全施用行为的影响个体间存在差别；不同资产专用性对农户施药行为影响机理不同，专用性资产间的影响也存在差别。具体实证结果分析如下。

在硬约束下，物质资产专用性对违禁农药使用影响在10%的显著性水平下负相关，对安全间隔期施药在10%的显著性水平下正相关，两者系数分别为 -0.219、0.222；在软约束下，物质资产专用性对标准剂量施药在10%的显著性水平下正相关，与施药次数在10%的显著性水平下负相关，两者系数分别为0.335、 -0.059。因此，研究假说通过检验，说明物质资产专用性有利于农户采取农药安全施用行为，且硬约束下影响力度更大。水果、茶叶价格整体高于粮食、蔬菜类作物，消费者对于品质要求更高，生产者在施药时会更加注重安全间隔期和施药剂量，而施药次数的决定因素在于病虫害发生频率。物质专用性资产因其较高沉淀成本、较长土地契约和投资回收期，使其存在强"锁定效应"，一旦"锁定"到某项作物上，其他用途会受到限制，同时会附带更多相关投入，从而产生高沉淀成本和转换成本，承受更大的种植风险和市场风险，使其更加重视产品质量安全，从而促进农药安全施用行为。

技术资产专用性对于农药安全施用行为具有促进作用。种植经验可以显著降低使用违禁农药的概率，影响系数为 -0.017；参加培训在硬约束下和软约束下都显著促进农户采取农药安全施用行为，对违禁农药使用和安全间隔期施药显著影响系数为 -1.204 和0.704，对标准剂量施药和施药次数显著影响系数为1.164 和 -0.297。影响系数反映了其边际效应，即参加技术培训可以降低1.204个百分点违禁农药使用的概率，同时提高1.164个百分点按标准剂量施药的概率，结果与研究假说一致。Catherine 等（2014）、侯博等（2014）等的研究也指出培训会不同程度降低农户过量施用农药和施用高毒农药的风险，但有研究指出政府组织的培训对控制农户过量施药行为的作用较为有限（王建华等，2015）。而赵建欣等（2007）的研究指出有多年蔬菜种植经验的农户更倾向于使用立竿见影的剧毒农药，而大面积种植的农产品包括蔬菜往往以市场销售为主。

　　硬约束下和软约束下农户参加合作社对农药安全施用行为的影响不确定，也不显著，与研究假说不一致。调研中发现样本中合作社内部组织管理相对松散，合作社出现了"异化现象"，特别是一些"假合作社""翻牌合作社""精英俘获""大农吃小农"等现象层出不穷（苑鹏，2001；潘劲，2011），邓衡山等（2014；2016）认为当前合作社异化主要问题是"所有者与惠顾者不同一"，造成农产品质量监管不完善，合作社降低交易成本和获取规模经济的优势难以发挥，原因在于农户间的异质性，制度建构外部支持缺失等。而真正的合作社可以促进农业生产要素从松散型向紧密型转变（李少华等，2012），没有形成统一农资、统一施药、统一管理等规范化制度，对成员约束力不强，容易引起道德风险。温铁军（2013）也指出这种"大农吃小农"的合作社仍未改变小农生产规模小、技术水平落后、人际关系狭窄、信息资源短缺的局面，因而使得合作社对农药安全施用行为影响不明显。

　　人力资产专用性中受教育程度与安全间隔期施药在10%的显著性水平下正相关，说明受教育程度越高，越偏向于使用安全农药。劳动力数量与违禁农药使用在1%的显著性水平下负相关，与按标准剂量施药在10%的显著性水平下正相关，表明家庭劳动力要素存在与农药的要素替代，即增加劳动力投入，可减少违禁农药使用，如劳动力可替代除草剂的使用，同时保证农户按标准施药。当劳动力年龄超过50岁后，呈现弱质化趋势，面临非农就业职位的排斥，缺乏非农就业机会，致使其对农业生产依附性更强，更加注意规避农业经营风险（陈思羽等，2014）。健康状况与违禁农药使用和标准剂量施药均呈显著正相关，由于农户越健康对于农药残留及其对身体伤害认识不够，在成本优势下，可能会选择药效更好的高残高毒农药。由劳动力数量和质量对农药安全施用影响结果看，研究假说通过检验。

　　关系资产专用性越强，农户越偏向于选择农药安全施用行为，研究假说成立。硬约束下，村干部和党员因素都与违禁农药使用呈显著负相关，党员与安全间隔期施药呈显著正相关。由于一方面村干部和党员普遍受教育程度较高，更容易掌握新渠道信息，对于农药残留和农产品安全问题更加重视；另一方面他们对政策关注度更高，较普通村民更清楚环境政策，并且有榜样带头作用，更加注重自我行为约束，在农药使用上会根据安全使用标准进行施药。

地理资产专用性中经营面积、土地细碎化在硬约束和软约束下对农药安全施用存在一定影响，但系数均不显著。经营作物面积越大，农户经营风险越高，越偏向于使用安全农药，并且考虑安全间隔期和标准剂量，但当面积增加到一定值时，农药成本也会随之增加，因劳动力短缺和管理监督成本约束致使农药不安全施用行为发生，面积平方项为负，也验证了此推导。陆彩明（2004）研究发现农业生产者家庭种植规模与规范农药施用行为呈正相关，与本书结论一致。土地细碎化会增加劳动力和施药时间投入，并且不利于机械化应用，人工施药会提高不安全风险。也有学者从利润角度解释，土地细碎化阻碍了农户平均利润的增加，促使其通过增加农药、化肥等农资投入来提高产量（李卫等，2017）。谭华风等（2011）研究提出发展适度规模化蔬菜种植基地，是提高蔬菜质量安全水平的有效途径。在细碎化存在的情况下，从效率尺度考量，适度规模经营①可以提高土地生产效率（许庆等，2011），而追逐规模效率实际上是提高劳动生产率，但粮食安全战略以提高土地生产率为首要目标，因此，农户施药效率与经营面积会呈倒"U"形关系，表明经营面积对农户施药效率存在门槛效应。

2. 不确定性对农药安全施用行为的影响

不确定性包括地理不确定和销售不确定，由回归结果可知。地理不确定中灌溉水源在硬约束下与违禁农药使用呈显著正相关，与安全间隔期施药呈显著负相关，因灌溉条件越好，耕地发生病虫害越频繁，也有研究证明降水量越多，越有利于农作物病虫害发生（白慧

①　适度规模经营来源于规模经济，指在既有条件下，适度扩大生产经营单位的规模，使土地、资本、劳动力等生产要素配置趋向合理，以达到最佳经营效益的活动。定义来自许庆等（2011）的解释。

等，2009），因此，从节约成本和施药效果看，农户可能选择高毒高残的违禁农药，同时也不会考虑安全间隔期。软约束下水源充足使病虫害频发，施药次数也会增加，模型（4）结果中灌溉对施药次数影响系数为0.065，但不显著，对按标准剂量施药呈显著正相关，说明因施药次数增加，农户会注重成本节约和总量控制，会尽量保证每次施药按标准剂量喷洒。地势仅对安全间隔期产生显著负向影响，即地势越平坦地区的农户越会注重安全间隔期。流转土地租期剩余期限硬约束下与违禁农药使用在1%的显著性水平下负相关，与安全间隔期施药在1%的显著性水平下正相关，与软约束下因素影响不显著。地权稳定性会促进农药安全施用，因考虑长远收益，生产中会重视耕地地力保护，及产品销售渠道的稳定性，进而保证长期稳定收益，会促使农户使用安全农药，并严格遵守农药安全间隔期。而短租期下农户会表现出"减损型"行为特点，倾向于投入更多农药。黄季焜和冀县卿（2012）也指出地权稳定会激发农户进行长期投资的积极性，除了资本投入外，还包括专用性资产的投资。硬约束下销售合同与违禁农药使用在10%的显著性水平下负相关，与安全间隔期施药在5%的显著性水平下正相关，边际效应分别为0.108、0.836，软约束下与标准剂量施药在5%的显著性水平下正相关，与施药次数负相关，但不显著。说明销售合同稳定性能够促进农药安全施用行为，因合同作为显性契约约束，降低了交易成本，促使农户按照合约进行生产，不使用违禁农药，并严格遵守安全间隔期，以保证农产品质量安全，维护自我声誉。中间商对质量安全检测、监督能力弱，与农户仅依靠隐性契约达到一次性或临时性交易，对质量安全控制松散，并且容易发生"敲竹杠"和败德风险。黄祖辉和王祖锁（2002）指出因农产品存在易损性，在不完全合约条件下会产生"敲竹杠"问题，而这种"敲竹杠"会影响农业专用性资产投资。为避免这些因不确定性导致专用性资产投入产生的机会主义，实施紧密型纵向一体化可有效控制农产品质量安全，如委托代理方式，使委托人和代理人之间的风险共担得以实现，通过这种最优激励契约形式来获得更大的剩余收益（王瑜等，2007）。以新品种农产品为例，经营主体交易方式演进从混合型契约开始，或为要素契约，随着交易各方的不确定性减少，就可能转向为商品契约（唐浩，2011），商品契约对于事前控制农药安全施用行为具有更好效果。由于纵向一体化能够通过不对称的科层安排、技能激励、自治契约等手段消除"敲竹杠"问题（Williamson，1991）。

3. 价格溢出对农药安全施用行为的影响

商品化率、农产品价格都与违禁农药使用呈显著负相关，系数分别为 - 0.011、- 0.070，与标准剂量施药呈显著正相关，系数分别为 0.011、0.070。说明商品化率越高、价格越高，农户越偏向于不使用违禁农药和按标准剂量施药，因此，产品市场价值会影响农户的农药安全施用行为。任重等（2016）的研究也指出无公害粮食价格显著促进粮农使用无公害农药意愿。针对当前农产品生产中普遍存在的"一家两制"现象，在面临不同生产用途时，农户的受教育程度、对农药认知等因素都无法消除"一家两制"现象（薛岩龙等，2015）。若出于供应家庭消费，不考虑经济利益因素，则会注重农药安全施用，是一种"为生活而生产"模式；若为市场供应，不考虑自家生存因素，通过出售农产品获得一定的经济利益，是一种"为逐利而生产"模式。因目的不同，生产过程中地块的选择、品种的选择、农药及化肥的施用、环节管理等都有差别化，以此应对食品安全威胁，进行自我保护①（徐立成等，2013）。硬约束下，农户对无公害农产品价格预期与违禁农药使用负相关，安全间隔期施药正相关，但都不显著；软约束下，无公害价格预期与标准剂量施药正相关，且不显著，与施药次数在5%的显著性水平下负相关，边际效应为 - 0.112。调研数据得到农户对无公害农产品价格预期在11%—30%，存在一定溢价，并且消费者也愿意为食品安全增加支出（龚强等，2013），但因生产无公害会增加投入成本，制约农户安全认证。因此，安全溢价有助于农户采取农药安全施用行为，但对其无公害认证激励仍不足。

---

① "一家两制"的广泛存在再次验证了农户的理性行为人假设，面临食品安全问题，农户会选择自我保护机制，作差别化生产和消费，这一选择除了单一的经济理性外，还是在食品安全威胁下发生的社会自我保护行为。周立和方平（2015）家庭的食品生产、交换与消费，贯彻了多元理性，至少含有生存理性、社会理性和经济理性三个方面。

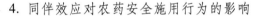

4. 同伴效应对农药安全施用行为的影响

同伴效应对农药安全施用行为影响存在不确定性，硬约束下与违禁农药使用和安全间隔期施药都呈正相关，但都不显著，软约束下与标准剂量施药呈正相关，与施药次数呈负相关，也都不显著，研究假说未通过检验。表明同伴效应对农药安全施用行为的影响存在不确定性，同伴施药行为既存在正外部性，也存在负外部性，因其邻近性，互相学习、模仿中存在"学好""学坏"两种可能。因信息不对称、环境不确定情况存在，使这种"混乱式学习"的"搭便车"行为也可能产生"搭错车"（傅超等，2015）。大户的"领头羊"效应会促使周围农户采取安全生产行为，当为积极效应时会促使形成区域安全，当为负面效应时会出现"柠檬市场"，损害安全生产者利益，降低消费者福利水平。彭军等（2017）的研究也验证了该结论。

5. 政府规制对农药安全施用行为的影响

政府规制在硬约束下与违禁农药使用在10%的显著性水平下负相关，边际效应为0.014，与安全间隔期施药在10%的显著性水平下正相关，边际效应为0.661；在软约束下与标准剂量施药在5%的显著性水平下正相关，边际效应为1.247，与施药次数相关系数为﹣0.067，但不显著。结果验证了研究假说，政府规制能够促进农户采取农药安全施用行为。但Norbert（2004）研究了政府的规制强度与农户道德风险之间的关系，发现两者之间存在负相关关系，意味着规制强度越大，农户道德风险会越高，产生"物极必反"情况。农产品质量安全监管示范县会有更严格、更健全的质量监管体系和检测体系，及考核和问责制度，实现全程监管，保证全域标准化生产。这样对于环境及安全宣传更为普遍、深入，监管更严格，另外对于安全农产品激励力度更大，对安全认证提供财政补贴，规模化安全生产提供政策扶持，形成示范效应和规模效应，当建立起品牌效应后，普通农户也会严格遵守农药安全施用标准，以获得安全和品牌溢价。

6. 区域公用品牌对农药安全施用行为的影响

公共品牌效应在硬约束下与违禁农药使用呈显著负相关，边际效应为0.754，与安全间隔期施药呈显著正相关，边际效应为0.015；

软约束下与标准剂量施药呈不显著的正相关，边际效应为 0.308，与施药次数呈显著负相关，边际效应为 0.819。结果与研究假说一致，公共品牌效应可以促进农户采取农药安全施用行为，即当经营品种为公用品牌农产品时，农户使用违禁农药的可能性会降低 0.754 个百分点，遵守安全间隔期的可能性提高 0.015 个百分点，施药次数会显著降低 0.819 个百分点。在硬约束下，也就是说对农药残留直接影响环节，因公共品牌效应存在，在其隐性约束下促使农户主动采取农药安全施用行为，以提高和保证农产品质量安全，维护公共品牌声誉。在农产品质量信息不可知或获知高成本真相的情况下，消费者对区域公共品牌的信任度较高，愿意为其品牌溢价支付更高价格，但同时也应注意"搭便车"现象，一旦出现负面消息，其传染效应会使整个地区甚至整个行业受到极大损失。从消费者视角，张传统和陆娟（2014）指出适度品牌溢价正向显著影响消费者购买意愿，品牌知名度和品牌原产地正相关且均正向显著影响消费购买意愿；从生产者视角，以地理标志农产品为例，地理标志的使用对农户采取环境友好型技术、施用环境友好型肥料和农药具有显著的促进作用，也显著增加了农户的农资投入（薛彩霞等，2016），从而获得因自然禀赋优势取得的垄断效益（Jena and Grote，2012）。

7. 农资供应商对农药安全施用行为的影响

农资供应商在硬约束下正向影响违禁农药使用和安全间隔期施药，但对违禁农药使用影响不显著，对安全间隔期施药影响显著；软约束下显著正向影响标准剂量施药和施药次数，与研究假说不完全一致。说明村级农资供应商具有安全技术推广作用，一定程度上促进农户遵守安全间隔期和按标准剂量施药，在农户购买农药过程中，农资商会教予农户施药方法，并且该方法具有导向效果，农户也会普遍接受、执行。而违禁农药使用根本原因是违禁农药的销售，因村级供应商或不规范，或未登记注册，造成监管不严，一定程度上增加了销售违禁农药的可能性，因此，造成针对违禁农药回归结果，发现有农资供应商的地区反而违禁农药使用概率会增加。农资供应商显著促进施药次数，因为病虫害发生频数不由农户和农资商决定，但因农资购买方便，使得农户一旦出现小型病虫灾害，也会及时喷药预防，对农药形成强依赖性，相对距离农资商较远的农户，更易增加施药次数。已有研究也指出农业技术服务环境在一定程度上影响农户的农药施用量，并间接地影响农户对农药残留的感知程度（杨普云等，2007）。

五　内生性讨论与稳健性检验

（一）内生性讨论

物质资产专用性对农药安全施用行为可能存在内生性问题，并且通过 Hausman 检验发现，内生性问题确实存在。作物类别差异性也会影响安全用药行为，如叶菜类蔬菜比瓜果类蔬菜农药残留检出率和超标率都偏高（杨江龙，2014），并且区域间种植户施药强度和频次差异明显，农药施用规范方面参差不齐（麻丽平等，2015），因而需要讨论其内生性问题。

为解决内生性问题，需要使用工具变量法对内生性问题进行控制。工具变量需要满足两个条件：一是外生性，工具变量必须与被解释变量、随机误差项及其他解释变量不相关；二是相关性，即工具变量必须与所替代的内生解释变量高度相关。地形特征显然与种植品种相关，满足工具变量的相关性；另外，假设地形特征不直接影响农户选择种植一年生还是多年生作物的决策，故满足工具变量的外生性。对内生性检验，结果中 p 值小于 0.001，拒绝原假设，故存在内生性问题。经过检验工具变量物质资产专用性与被解释变量、随机误差项不相关。运用"工具变量法"构建含内生性变量的回归模型。运用 Stata14.0 软件处理 IV – Probit 模型，回归结果见表 5 – 4。

与原 Probit 回归模型比较后发现，考虑内生性问题后，IV – Probit 模型结果中物质资产专用性对安全间隔期施药和标准剂量施药的系数为 0.231 和 1.962，相比 Probit 模型结果提高了 0.009 和 1.627，系数均显著变大，对违禁农药使用和施药次数的系数仍为负，但不显著。表明 Probit 模型因存在内生性问题，物质资产专用性对农药安全施用行为的影响作用被高估，特别是对标准剂量施药行为，影响系数提高明显。因此，地形条件会显著影响农作物种植选择，进而影响农户的农药安全施用行为，忽略内生性会导致物质资产专用性对农药安全施用行为的影响程度估计出现偏差，甚至形成错误的行为选择导向。

表 5 - 4　施药行为的资产专用性影响因素回归结果：工具变量回归

类别	硬约束下		软约束下	
变量代码	违禁农药使用	安全间隔期施药	标准剂量施药	施药次数
perennial_crops	- 0.534	0.231 *	1.962 ***	- 0.177
	(3.405)	(0.224)	(0.733)	(0.208)
planting_years	- 0.015	0.017 **	0.008	- 0.004
	(0.022)	(0.007)	(0.006)	(0.006)
training	- 1.216 ***	1.199 ***	0.750	- 1.447 ***
	(0.182)	(0.196)	(0.688)	(0.285)
cooperative	0.018	0.042	- 0.228	- 0.207
	(0.336)	(0.284)	(0.190)	(0.223)
eduction	- 0.015	0.021	0.165 *	- 0.007
	(0.378)	(0.131)	(0.090)	(0.107)
labors	- 0.393 ***	0.397 ***	0.053	0.125
	(0.135)	(0.115)	(0.099)	(0.096)
health	0.260 *	0.246 **	0.178 **	0.120
	(0.151)	(0.110)	(0.071)	(0.083)
village_cadres	- 0.403	- 0.407 *	0.263	0.423 **
	(0.254)	(0.243)	(0.240)	(0.214)
party_member	- 0.425 *	- 0.434 *	0.004	- 0.062
	(0.238)	(0.232)	(0.147)	(0.180)
area	- 0.058	- 0.033	0.099 *	0.542 *
	(0.213)	(0.476)	(0.055)	(0.316)
area^2	0.001	- 0.0002	- 0.004	- 0.025 *
	(0.007)	(0.020)	(0.003)	(0.013)
land_blocks	- 0.012	- 0.013	- 0.028	- 0.037
	(0.050)	(0.056)	(0.025)	(0.043)
其他变量	已控制	已控制	已控制	已控制
其他控制变量	已控制	已控制	已控制	已控制

续表

类别	硬约束下		软约束下	
变量代码	违禁农药使用	安全间隔期施药	标准剂量施药	施药次数
_cons	-0.417	-0.353	-1.313	-3.140***
	(1.609)	(1.346)	(1.623)	(1.016)
F - value	180.32***	174.62***	479.63***	260.60***
N	605	605	605	605

注：通过 Hausman 检验发现，内生性问题确实存在。由于本书中不同内生变量对应不同工具变量，考虑到各资产专用性变量内生性问题发生概率，主要列出了地形特征作为物质资产专用性和地理资产专用性的工具变量结果。由于篇幅限制，在硬约束下讨论了违禁农药使用的回归结果，软约束下讨论了标准剂量施药的回归结果①。

（二）稳健性检验

为保证前文资产专用性对农药安全施用行为影响结果的稳健性，从以下三方面考虑进行了稳健性检验。（1）更换了回归方程，运用 Logistic 估计方法重新进行系数估计；（2）将样本根据地形特征进行分解，选取地形平坦样本的农户进行回归分析；（3）不同作物施药方式存在差异，选取粮食作物、蔬菜作物样本进行回归处理。更换回归方程和地形稳健性检验结果如表 5 - 5 所示。

表 5 - 5　　　　　　　　回归方程和地形稳健性检验回归结果

类别	违禁农药使用		安全间隔期施药		标准剂量施药	
变量代码	Logistic	地势平坦	Logistic	地势平坦	Logistic	地势平坦
perennial_crops	-0.437*	-1.083*	0.375	0.712**	0.569*	0.291
	(0.395)	(0.464)	(0.312)	(0.343)	(0.357)	(0.290)
planting_years	-0.030**	-0.020	0.003	0.003	0.005	0.012
	(0.013)	(0.015)	(0.013)	(0.013)	(0.013)	(0.011)

---

① 通过工具变量外生性检验发现，无法拒绝"选取工具变量与扰动项不相关"的原假设，即 p 值小于 10%，故认为选取的工具变量具备外生性。同样，在工具变量与内生变量的回归方程中，各工具变量的系数显著不为 0，故说明选取的工具变量均与内生性解释变量有较强相关性。由此可见，本书选取的地势特征工具变量较为合理。

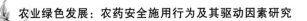

续表

类别	违禁农药使用		安全间隔期施药		标准剂量施药	
变量代码	Logistic	地势平坦	Logistic	地势平坦	Logistic	地势平坦
training	- 2. 139 ***	- 2. 493 ***	1. 216 ***	1. 238 ***	2. 776 ***	2. 179 ***
	(0. 335)	(0. 522)	(0. 285)	(0. 038)	(0. 320)	(0. 316)
cooperative	0. 188	0. 085	- 0. 297	- 0. 409	- 0. 510	- 0. 444
	(0. 511)	(0. 510)	(0. 489)	(0. 432)	(0. 412)	(0. 400)
eduction	- 0. 012	- 0. 765 ***	0. 376	0. 163	0. 034	0. 229
	(0. 242)	(0. 256)	(0. 208)	(0. 191)	(0. 223)	(0. 192)
labors	- 0. 693 ***	- 0. 719 ***	0. 192	0. 026	0. 260 *	0. 326
	(0. 224)	(0. 242)	(0. 154)	(0. 211)	(0. 185)	(0. 216)
health	0. 421 **	1. 275 ***	0. 140	0. 012	0. 270 *	0. 326 **
	(0. 200)	(0. 247)	(0. 151)	(0. 144)	(0. 147)	(0. 144)
village_cadres	- 0. 897 *	- 1. 673 ***	0. 116	0. 292	0. 858 *	0. 281
	(0. 499)	(0. 582)	(0. 351)	(0. 328)	(0. 426)	(0. 358)
party_member	- 0. 845 *	- 0. 138	0. 677 *	0. 732 **	0. 137	0. 843 **
	(0. 473)	(0. 519)	(0. 357)	(0. 333)	(0. 372)	(0. 400)
area	- 0. 200	- 0. 038	0. 163	0. 043	0. 049	0. 260 *
	(0. 214)	(0. 153)	(0. 142)	(0. 117)	(0. 144)	(0. 134)
$area^2$	0. 005	0. 007	- 0. 007	- 0. 0001	- 0. 007	- 0. 012 **
	(0. 008)	(0. 006)	(0. 006)	(0. 004)	(0. 006)	(0. 005)
land_blocks	- 0. 005	- 0. 108	- 0. 034	- 0. 067	- 0. 029	- 0. 083
	(0. 008)	(0. 065)	(0. 043)	(0. 049)	(0. 052)	(0. 043)
其他变量	已控制	已控制	已控制	已控制	已控制	已控制
_cons	- 0. 578	- 7. 082 ***	0. 032	1. 446	- 6. 315 ***	- 12. 001 ***
	(2. 597)	(2. 743)	(1. 841)	(1. 972)	(2. 064)	(2. 119)
R^2	0. 364	0. 490	0. 344	0. 454	0. 343	0. 472
F - value	151. 59 ***	82. 13 ***	142. 69 ***	99. 06 ***	152. 76 ***	743. 43 ***
N	605	279	605	279	605	279

通过稳健性检验结果看出，Logistic 模型下，资产专用性各项指标对硬约束下和软约束下农药安全施用行为影响系数与 Probit 方法回归结果系数方向都一致，数值大小基本变化不大，虽然显著性有所差

异，仍可证明本书结果具有较强的稳健性。地势平坦地区农户资产专用性各项指标对农药安全施用行为影响的系数与总样本回归结果系数方向都一致，显著性发生一定变化，仍可通过稳健性检验。

选取粮食作物和蔬菜作物样本稳健性检验结果如表 5 - 6 所示。可知除了违禁农药中合作社、地块因变量回归系数方向有改变，其他变量影响方向系数均与前文回归方程一致，仅显著性发生变化，主要因合作社存在不规范性，甚至出现两极现象，地块类型因地形不同对施药次数影响也不同，但仍可通过稳健性检验。

表 5 - 6　　　　　　　　　　品种稳健性检验回归结果

类别	违禁农药使用		安全间隔期施药		施药次数	
变量代码	粮食作物	蔬菜作物	粮食作物	蔬菜作物	粮食作物	蔬菜作物
perennial_crops	- 0. 275	- 1. 521 ***	0. 087	1. 630 ***	- 0. 053 *	- 0. 332
	(0. 255)	(0. 568)	(0. 221)	(0. 419)	(0. 040)	(0. 258)
planting_years	- 0. 017 *	- 0. 001	0. 007	0. 003	- 0. 004 **	- 0. 263 *
	(0. 012)	(0. 025)	(0. 009)	(0. 020)	(0. 002)	(0. 014)
training	- 162 ***	- 1. 414 ***	0. 464 **	1. 301 ***	- 0. 261 ***	- 0. 541 *
	(0. 300)	(0. 453)	(0. 222)	(0. 382)	(0. 054)	(0. 308)
cooperative	- 0. 162	0. 874	- 0. 437	- 0. 328	0. 015	0. 970 *
	(0. 414)	(0. 963)	(0. 363)	(0. 572)	(0. 060)	(0. 586)
eduction	- 0. 074	- 0. 577 *	0. 404 ***	0. 242	- 0. 009	- 0. 136
	(0. 169)	(0. 320)	(0. 154)	(0. 286)	(0. 033)	(0. 197)
labors	- 0. 371 **	- 0. 289 ***	0. 025	0. 120	- 0. 041 **	- 0. 016
	(0. 151)	(0. 269)	(0. 116)	(0. 211)	(0. 020)	(0. 167)
health	0. 339 *	0. 485 **	0. 102	0. 166	0. 051 **	0. 013 **
	(0. 204)	(0. 239)	(0. 101)	(0. 203)	(0. 024)	(0. 155)
village_cadres	- 0. 482 *	- 0. 178	0. 091	0. 859 *	- 0. 052 *	- 0. 206
	(0. 311)	(0. 650)	(0. 245)	(0. 511)	(0. 034)	(0. 284)
party_member	- 0. 593 **	- 0. 713 *	0. 328 *	0. 283	- 0. 039	- 0. 041
	(0. 290)	(0. 562)	(0. 264)	(0. 360)	(0. 035)	(0. 294)
area	- 0. 027	- 0. 401 *	0. 046	0. 087	- 0. 0004	- 0. 066
	(0. 142)	(0. 226)	(0. 107)	(0. 173)	(0. 024)	(0. 120)

续表

类别	违禁农药使用		安全间隔期施药		施药次数	
变量代码	粮食作物	蔬菜作物	粮食作物	蔬菜作物	粮食作物	蔬菜作物
$area^2$	0.002 (0.006)	0.019 * (0.010)	−0.002 (0.005)	−0.0001 (0.007)	0.00002 (0.001)	0.003 (0.005)
land_blocks	−0.050 (0.066)	−0.105 (0.114)	0.042 (0.039)	−0.202 *** (0.074)	−0.001 (0.008)	−0.047 (0.037)
其他变量	已控制	已控制	已控制	已控制	已控制	已控制
_cons	−1.349 (1.644)	0.361 * (2.381)	2.070 ** (1.007)	−0.845 (1.786)	0.106 *** (0.213)	3.672 *** (1.315)
R^2	0.355	0.441	0.313	0.445	0.345	0.450
F − value	77.23 ***	61.50 ***	90.33 ***	69.38 ***	—	—
N	298	161	298	161	298	161

第二节 基于信息不对称分析资产专用性对农药安全施用行为的影响

信息不对称是农产品质量安全问题产生的根本原因，会使农户生产存在不确定性和机会主义行为，影响其专用性资产投资，从而产生逆向选择和道德风险。通过前文分析农户资产专用性会影响其农药安全施用行为，故信息不对称会通过影响农户专用性资产投入进而影响其农药安全施用行为。也有研究验证了技术信息知识对农户的农药施用产生显著影响（黄季焜等，2008），信息可获得性对农户采用安全技术呈显著影响（唐博文等，2010）。王绪龙等（2016）指出菜农的信息能力既通过中间变量间接显著影响使用农药行为转变，又直接显著影响使用农药行为转变，但信息能力影响行为转变的直接效应小于间接影响效应。需求侧消费者对质量信息难以鉴别，并且存在"柠檬市场"，产品质量信息的不对称对生产者和消费者利益形成双重损失，因此，解决信息不对称问题是促进农产品质量安全提升的根本途径。

本书信息不对称用市场距离、交通费用和农药残留认知水平来表示。

一　基于信息不对称的物质资产专用性对农药安全施用行为的影响

考察信息不对称在农药安全施用行为中物质资产专用性的投入情况，将信息不对称与物质资产专用性的交互项纳入回归模型中，来检验信息不对称在这一过程中是否存在调节作用。估计结果见表5－7。违禁农药使用模型下 perennial_crops × transportation_costs 的系数为0.081，显著性水平为10%，其他交叉项不显著，表明交通费用强化了物质资产专用性对违禁农药使用行为的负向影响。意味着距离市场交通费用越高地区的农户，运输成本和市场信息获得成本都相对也高，水果、茶叶等物质资产专用性强的产品销售主要通过中间商上门收购，这样交易成本相对较低，然而这种交易方式下中间商对农产品质量安全检测和监管能力偏弱，也不愿额外增加检测成本，再加上偏远地区可能存在售卖禁用农药情况，故他们相对市场周边农户更容易使用违禁农药，来降低成本和保证收益。安全间隔期施药模型下 perennial_crops × pesticide_residues 的系数为0.252，在5%的显著性水平下，其他交叉项不显著，表明残留认知强化了物质资产专用性对安全间隔期施药的正向影响。农户残留认知水平越高，水果、茶叶等作物沉淀成本较高，市场风险也相对较大，使农户更加重视安全间隔期，以减少农药残留。标准剂量施药模型下 perennial_crops × pesticide_residues 的系数为0.203，在5%的显著性水平下，其他交叉项不显著，表明农药残留认知强化了物质资产专用性对按标准剂量施药行为的正向影响。其原因同样应考虑残留认知促进水果、茶叶种植户更加看重施药剂量标准，以减少残留。施药次数模型下 perennial_crops × distance 的系数为0.029，在10%的显著性水平下，其他交叉项不显著，表明市场距离会强化物质资产专用性对施药次数的负向影响。也就是说距离市场越远的农户，其安全认知水平和市场对农产品质量安全需求信息了解程度较低，相对市场周边农户偏向于减少施药次数，以降低农药成本和人工投入。总之，信息不对称强化了物质资产专用性对违禁农药使用和施药次数对农药安全施用行为的负向影响，强化了物质资产专用性对安全间隔期和标准剂量施药的正向影响。

表 5 – 7   信息不对称视角下物质资产专用性回归结果

类别	硬约束下		软约束下	
变量代码	违禁农药使用	安全间隔期施药	标准剂量施药	施药次数
perennial_crops	-0.559* (0.438)	0.852** (0.369)	0.701* (0.388)	-0.108* (0.139)
perennial_crops × distance	0.014 (0.069)	-0.057 (0.058)	-0.004 (0.060)	0.029* (0.024)
perennial_crops × transportation_costs	0.081* (0.056)	-0.022 (0.051)	-0.022 (0.052)	0.018 (0.020)
perennial_crops × pesticide_residues	-0.085 (0.124)	0.252** (0.103)	0.203** (0.101)	-0.033 (0.041)
其他变量	已控制	已控制	已控制	已控制
varieties	已控制	已控制	已控制	已控制
county	已控制	已控制	已控制	已控制
_cons	-0.615 (0.461)	0.808* (0.465)	1.251*** (0.454)	0.516*** (0.171)
R^2	0.129	0.221	0.121	0.554
F – value	52.20**	125.80***	59.07**	299.03***
N	605	605	605	605

二 基于信息不对称的技术资产专用性对农药安全施用行为的影响

回归结果见表 5 – 8，考察违禁农药使用的影响效应，planting_years × pesticide_residues 的系数为 – 0.005，在 5% 的显著性水平下，其他交叉项不显著，training × pesticide_residues 的系数为 – 0.145，在 10% 的显著性水平下，其他交叉项不显著，表明经营年限和技术培训都弱化了技术资产专用性对农药安全施用行为的负向影响。农药残留认知水平越高，安全生产意识越强，促使其通过提高生产技术来提高农产品质量安全，而技术水平和参加培训都与违禁农药使用在 5% 的显著性水平下负相关，意味着残留认知水平将通过技术资产专用性投入来进一步提高农户施药行为。在安全间隔期的回归结果中，可知

planting_years × distance 和 planting_years × pesticide_residues 的系数为 −0.002 和 0.006，都显著，training × transportation_costs 和 training × pesticide_residues 的系数分别为 −0.094 和 0.251，且都显著，两者相抵系数结果为 0.004 和 0.157，其他交叉项不显著，表明农药残留强化了经营年限和技术培训对安全间隔期施药行为的正向影响。农户残留认知水平越高，越偏向于参加技术培训，进一步提高安全生产技术，最终改进农药安全施用行为。在标准剂量施药的回归结果中，planting_years × pesticide_residues 和 training × pesticide_residues 的系数分别为 0.003 和 0.196，且都显著，其他交叉项系数不显著，表明农药残留强化了技术资产专用性对标准剂量施药行为的正向影响。因残留认知水平越高的农户，越偏向于参加技术培训，其经营年限也相对更久，从而获得更优的生产技术，促进农户按照施药标准进行喷洒。在施药次数的回归结果中，planting_years × distance 和 planting_years × pesticide_residues 的系数分别为 0.001 和 −0.001，都在 10% 的显著性水平下，其他交叉项均不显著，表明市场距离强化了经营年限对施药次数的负向影响，农药残留认知弱化了经营年限对施药次数的正向影响，但调节效应很小，且可抵消。距离市场越远，新技术扩散越慢，获得成本也越高，商贩对产品检测不够，即使经营年限较长农户也会因逐利而增加施药次数；农残认知水平越高，其经营年限也会相对较长，促使农户减少施药次数。总之，信息不对称弱化了技术资产专用性对违禁农药使用的负向影响，强化了技术资产专用性对安全间隔期施药和标准剂量施药的正向影响。

表 5 – 8　　　　信息不对称视角下技术资产专用性回归结果

类别	硬约束下		软约束下	
变量代码	违禁农药使用	安全间隔期施药	标准剂量施药	施药次数
planting_years	−0.019 * (0.010)	0.013 * (0.009)	0.011 * (0.009)	−0.006 * (0.003)
training	−0.841 ** (0.38)	1.011 *** (0.293)	1.738 *** (0.332)	−0.036 (0.107)

续表

类别	硬约束下		软约束下	
变量代码	违禁农药使用	安全间隔期施药	标准剂量施药	施药次数
planting_years × distance	0.001 (0.002)	-0.002* (0.001)	-0.001 (0.001)	0.001* (0.001)
planting_years × transportation_ costs	0.001 (0.001)	-0.001 (0.001)	-0.001 (0.001)	0.001 (0.001)
planting_years × pesticide_ residues	-0.005** (0.002)	0.006*** (0.002)	0.003* (0.002)	-0.001* (0.001)
training × distance		0.037 (0.06)	-0.0003 (0.048)	-0.053 (0.039)	0.011 (0.016)
training × transportation_ costs		0.049 (0.050)	-0.094** (0.043)	-0.006 (0.046)	0.001 (0.013)
training × pesticide_ residues		-0.145* (0.086)	0.251*** (0.075)	0.196** (0.082)	-0.025 (0.027)
其他变量	已控制 已控制	已控制 已控制	已控制 已控制	已控制 已控制
_cons	-0.971** (0.483) 0.016 (0.49)	0.873* (0.476) 0.403 (0.496)	1.374*** (0.461) 0.528 (0.484)	0.496*** (0.170) 0.585*** (0.172)
R^2	0.158 0.223	0.229 0.280	0.116 0.278	0.557 0.559
F-value	64.55** 107.05***	137.70*** 153.40***	57.70*** 148.01***	300.42*** 301.18***
N	605 605	605 605	605 605	605 605

三 基于信息不对称的组织资产专用性对农药安全施用行为的影响

回归结果由表5-9可知，安全间隔期模型下 cooperative × pesticide_ residues 的系数为0.358，在10%的显著性水平下，违禁农药及其他变量系数不显著，表明残留认知强化了组织资产专用性对安全间隔期施药行为的正向影响。意味着参加合作社的农户会参加合作社组织培训，农药残留认知水平更高，他们更加注重农药安全施用行为。软约束下信息不对称因素对组织资产专用性与农药安全施用行为相关性影响不显著。

由于当下合作社组织构架松散，多为领办型合作社，社员间紧密性合作不足，多为"空组织"①，使得信息不对称困境不能通过合作社解决，但真正运营有效的合作社通过纵向一体化将小规模耕作和大规模加工结合在一起（Crossman，et al.，1986），使交易费用内部化、最小化，可以有效避免专用性资产的"套牢问题"（Royer，1999），降低不安全风险。总之，信息不对称仅能够强化残留认知对安全间隔期施药的正向影响。

表 5 - 9　　　　信息不对称视角下组织资产专用性回归结果

类别	硬约束下		软约束下	
变量代码	违禁农药使用	安全间隔期施药	标准剂量施药	施药次数
cooperative	-0.872*	0.501*	0.087	-0.075
	(0.636)	(0.463)	(0.405)	(0.164)
cooperative × distance	0.094	-0.092*	-0.019	0.0002
	(0.122)	(0.064)	(0.047)	(0.019)
cooperative × transportation_costs	0.107	-0.002	-0.051	0.002
	(0.107)	(0.069)	(0.065)	(0.025)
cooperative × pesticide_residues	-0.170	0.358***	0.138	-0.004
	(0.166)	(0.135)	(0.111)	(0.044)
其他控制变量	已控制	已控制	已控制	已控制
varieties	已控制	已控制	已控制	已控制
county	已控制	已控制	已控制	已控制
_cons	-0.505	0.982**	1.532***	0.538***
	(0.454)	(0.466)	(0.464)	(0.168)
R^2	0.117	0.219	0.114	0.553
F - value	49.24**	122.01***	55.77**	297.52***
N	605	605	605	605

---

　　① 空组织指没有实际运转，即没有为社员提供任何服务的名义合作社。邓衡山等（2016）课题组对江苏、吉林、四川三省9县18个乡镇331个村深度访谈了500家合作社，调研结果发现其中50.4%的合作社为空组织，43.2%为市场模式，但其中无订单的合作社占88.89%，也就是说88.8%的合作社无订单，也验证了当前合作社绝大多数为空组织的假设。

四　基于信息不对称的人力资产专用性对农药安全施用行为的影响

回归结果见表 5 - 10，因受教育程度和健康状况是自身特征，不会影响农药残留认知，反而两者会对残留认知产生明显影响，故未处理人力资产专用性与残留认知的交叉项。硬约束下 eduction × distance 的系数为 0.019，在 10% 的显著性水平下，其他交叉项都不显著，表明市场距离强化了受教育程度对违禁农药使用的负向影响。说明距离城市越远地区，农户受教育水平越低，他们对违禁农药和安全间隔期认知较低，不利于农户采取农药安全施用行为，并且这种地理因素还会增强农户的安全认知水平。软约束下 health × distance 的系数为 0.003，在 10% 的显著性水平下，其他交叉项均不显著，说明市场距离强化了健康状况对标准剂量施药行为的正向影响。因为当距离城镇越远，因交通不方便，农户健康状况更糟，并形成恶性循环趋势，不健康的会越来越严重，他们对于健康更为敏感，认知和行为也逐渐趋于一致，从而促使农药安全施用。总之，信息不对称强化了人力资产专用性对违禁农药施用的负向影响，强化了健康状况对标准剂量施药行为的正向影响。

表 5 - 10　　　　信息不对称视角下人力资产专用性回归结果

类别	硬约束下		软约束下	
变量代码	违禁农药使用	安全间隔期施药	标准剂量施药	施药次数
eduction	-0.133 * (0.12)	0.125 * (0.119)	0.149 (0.115)	-0.002 * (0.052)
health	0.147 * (0.085)	0.028 (0.076)	0.104 * (0.008)	-0.022 (0.034)
eduction × distance	0.019 * (0.02)	-0.019 (0.019)	-0.019 (0.017)	0.001 * (0.006)
eduction × transportation_costs	0.018 (0.021)	-0.018 (0.019)	-0.013 (0.018)	0.002 (0.006)
health × distance	0.001 (0.010)	0.010 (0.008)	0.003 * (0.008)	0.001 (0.003)

类别	硬约束下				软约束下			
变量代码	违禁农药使用		安全间隔期施药		标准剂量施药		施药次数	
health × transportation_ costs	0.003 (0.008)		0.008 (0.007)		0.005 (0.007)		0.001 (0.003)	
其他控制变量	已控制	已控制	已控制	已控制	已控制	已控制	已控制	已控制
varieties	已控制	已控制	已控制	已控制	已控制	已控制	已控制	已控制
county	已控制	已控制	已控制	已控制	已控制	已控制	已控制	已控制
_cons	-1.543** (0.645)	0.016 (0.493)	0.111 (0.565)	0.310 (0.611)	1.065* (0.561)	0.770 (0.597)	0.530*** (0.199)	0.484** (0.230)
R^2	0.121	0.223	0.229	0.222	0.114	0.115	0.552	0.553
F - value	50.81**	107.05***	138.33***	138.48***	58.17**	58.23**	297.31***	297.92***
N	605	605	605	605	605	605	605	605

五　基于信息不对称的关系资产专用性对农药安全施用行为的影响

回归结果见表 5 - 11，因农药残留认知对农户是否当选村干部和党员无直接关系，故未探讨残留认知交叉项对农药安全施用行为的影响。由此可知，硬约束下 village_cadres × distance 和 party_member × transportation_costs 的系数分别为 0.037 和 0.091，都在 10% 的显著性水平下，其他交叉项均不显著，表明市场距离强化了村干部对违禁农药施用的负向影响，交通费用强化了党员对违禁农药施用的负向影响。由于市场距离越远，交通费用越高，村干部和党员获得政策信息渠道减少，信息存在滞后性，导致他们对环境保护和安全生产的认知不足，使资产专用性作用发挥不显著，村干部和党员也可能使用违禁农药，及不考虑安全间隔期的可能。软约束的标准剂量施药行为下，village_cadres × distance 和 party_member × distance 的系数分别为 -0.096 和 -0.078，且在 10% 的显著性水平下，其他交叉项不显著，表明市场距离弱化村干部和党员对标准剂量施药行为的正向影响，施药次数模型下交叉项系数也不显著。其原因同样是因为距离市场和政府中心越远，获得政策信息更少更慢，这种信息不对称使村干部和党员对于农药安全施用了解不够，导致他们可能不会按照标准剂量施药，同样施药次数也会受到影响。总之，市场距离和交通费用分别强化了村干部和党员对违禁农药使用的负向影响，同时市场距离弱化了村干部和党员对标准剂量施药行为的正向影响。

表 5 – 11　　　　信息不对称视角下关系资产专用性回归结果

类别	硬约束下				软约束下			
变量代码	违禁农药使用		安全间隔期施药		标准剂量施药		施药次数	
village_cadres	−1.346 ***		0.503 *		1.052 ***		0.093 *	
	(0.435)		(0.284)		(0.354)		(0.115)	
party_member		−1.730 ***		0.150		0.722 **		−0.077
		(0.531)		(0.292)		(0.290)		(0.117)
village_cadres × distance	0.037 *		0.009		−0.096 *		−0.013	
	(0.112)		(0.065)		(0.057)		(0.024)	
village_cadres × transportation_costs	0.059		−0.033		−0.005		−0.010	
	(0.096)		(0.058)		(0.066)		(0.022)	
party_member × distance		0.073		0.065		−0.078 *		−0.008
		(0.064)		(0.067)		(0.051)		(0.022)
party_member × transportation_costs		0.091 *		0.005		−0.003		0.015
		(0.071)		(0.062)		(0.056)		(0.022)
其他控制变量	已控制	已控制	已控制	已控制	已控制	已控制	已控制	已控制
varieties	已控制	已控制	已控制	已控制	已控制	已控制	已控制	已控制
county	已控制	已控制	已控制	已控制	已控制	已控制	已控制	已控制
_cons	−0.421	−0.406	0.111	0.849 *	1.463 ***	1.422 ***	0.530 ***	0.540 ***
	(0.454)	(0.456)	(0.565)	(0.462)	(0.458)	(0.453)	(0.199)	(0.168)
R^2	0.151	0.160	0.229	0.225	0.132	0.121	0.553	0.552
F – value	62.20 ***	58.10 ***	138.33 ***	136.31 ***	73.99 **	63.77 **	298.05 ***	297.18 ***
N	605	605	605	605	605	605	605	605

六　基于信息不对称的地理资产专用性对农药安全施用行为的影响

回归结果见表 5 – 12，硬约束下的违禁农药行为上，area × pesticide_residues 的系数为 −0.025，在 10% 的显著性水平下，其他交叉项

表 5 – 12　　　　　信息不对称视角下地理资产专用性回归结果

类别	硬约束下				软约束下			
变量代码	违禁农药使用		安全间隔期施药		标准剂量施药		施药次数	
area	0.002 * (0.033)		0.022 ** (0.010)		0.003 * (0.009)		0.006 * (0.003)	
land_blocks		0.020 (0.045)		0.018 ** (0.038)		0.051 * (0.039)		0.002 (0.015)
area × distance	0.003 (0.005)		0.003 * (0.003)		– 0.001 (0.003)		0.001 (0.001)	
area × transportation_costs	0.002 (0.004)		0.001 (0.003)		0.001 (0.003)		– 0.001 (0.001)	
area × pesticide_residues	– 0.025 * (0.013)		– 0.016 *** (0.006)		– 0.003 * (0.005)		– 0.001 * (0.002)	
land_blocks × distance		0.004 (0.006)		0.008 * (0.005)		– 0.003 (0.005)		– 0.001 (0.002)
land_blocks × transportation_costs		0.001 (0.006)		0.005 (0.005)		0.004 (0.005)		– 0.001 (0.002)
land_blocks × pesticide_residues		– 0.018 * (0.012)		– 0.032 *** (0.010)		– 0.017 * (0.009)		– 0.001 (0.004)
其他控制变量	已控制	已控制	已控制	已控制	已控制	已控制	已控制	已控制
varieties	已控制	已控制	已控制	已控制	已控制	已控制	已控制	已控制
county	已控制	已控制	已控制	已控制	已控制	已控制	已控制	已控制
_cons	– 0.619 ** (0.445)	– 0.628 (0471)	0.911 ** (0.463)	0.925 * (0.483)	1.450 *** (0.451)	1.335 *** (0.465)	0.513 *** (0.168)	0.535 *** (0.175)
R^2	0.125	0.117	0.224	0.235	0.110	0.115	0.558	0.552
F – value	49.42 **	49.24 ***	134.22 ***	150.13 ***	56.00 **	58.73 ***	300.28 ***	296.37 ***
N	605	605	605	605	605	605	605	605

包括土地细碎化方面系数都不显著，表明农药残留认知弱化了经营面积对违禁农药使用的正向影响。意味着农药残留认知越高，会考虑到

劳动力、技术和资金要素与面积的匹配，不会大规模经营，会偏向性选择适宜品种和种植面积，以保证产品的质量安全。安全间隔期下 area×distance 系数为 0.003，area×pesticide_residues 系数为 -0.016，且都显著，其他交叉项不显著；land_blocks×distance 系数为 0.008，land_blocks×pesticide_residues 系数为 -0.032，都显著，其他交叉项不显著。表明市场距离强化了经营面积和土地细碎化对安全间隔期施药的正向影响，农药残留弱化了经营面积和土地细碎化对安全间隔期施药的正向影响。距离市场越远的种植户，他们更容易获得大规模土地，促进考虑安全间隔期；而农药残留认知度越高，越偏向于种植绿色、有机等农产品，形成地方特色品牌，进一步扩大经营面积。软约束下的按标准剂量施药行为中，area×pesticide_residues 和 land_blocks×pesticide_residues 的系数分别为 -0.003 和 -0.017，且都显著，其他交叉项不显著，表明农药残留认知弱化了经营面积和土地细碎化对按标准剂量施药行为的正向影响。施药次数下 area×pesticide_residues 系数为 -0.001，在 10% 的显著性水平下，其他交叉项都不显著，表明农药残留弱化了经营面积对施药次数的正向影响。总之，信息不对称中市场距离强化了经营面积和土地细碎化对安全间隔期施药的正向影响，农药残留弱化了经营面积对违禁农药使用、安全间隔期施药、标准剂量施药和施药次数的正向影响。

第三节　小结

本章根据资产专用性对农药安全施用行为的数理推导和作用机理，基于调研数据，运用 Probit、零膨胀泊松回归方法，构建出农户资产专用性对硬约束和软约束下农药安全施用行为影响的回归模型，从信息不对称视角讨论了资产专用性对农药安全施用行为的影响，并运用 IV-Probit 方法对内生性问题进行了讨论。通过实证分析得到以下结论：

一是通过调研数据发现样本区农药安全施用存在以下特点：当前

违禁农药施用主要发生在蔬菜作物；农药安全间隔期认识度普遍较高，水果类最高，而蔬菜类最低；大多数农户还是会按照标准剂量施药，其中粮食类高于水果类、蔬菜类；施药次数平均为 3.078 次，不同作物、地区间存在差异性。

二是资产专用性对农药安全施用行为的影响结果如下：物质资产专用性因存在强"锁定效应"，使其对违禁农药使用和施药次数存在抑制作用，对安全间隔期施药和标准剂量施药具有促进作用；技术资产专用性中的种植经验与违禁农药使用显著负相关，技术培训与违禁农药使用、施药次数显著负相关，而与安全间隔期施药、标准剂量施药显著正相关；合作社的松散、异化现象致使其对农药安全施用行为影响不显著；人力资产专用性中的受教育程度显著促进农户安全间隔期施药，劳动力数量与农药施用剂量形成正向要素替代效应，健康状况反而会正向影响违禁农药使用；关系资产专用性中村干部和党员身份对硬约束下的违禁农药使用产生负向影响，对安全间隔期施药产生正向影响；地理资产专用性下经营面积和土地细碎化对硬约束和软约束下的农药安全施用行为影响存在不确定性，并且通过内生性讨论和稳健性检验，上述结论依然成立。

三是不确定性会导致农户专用性资产投入产生的机会主义行为，对农药安全施用行为产生影响的不确定性包括地理和销售不确定性。具体表现为地势平坦地区会更注重安全间隔期施药，土地契约期限对硬约束下施药行为影响显著，存在抑制违禁农药使用和促进安全间隔期施药作用；签订销售合约可有效抑制违禁农药使用，并促进其根据安全间隔期和标注剂量施药。

四是政府规制和公共品牌效应可有效抑制违禁农药使用，促进其在安全间隔期施药。在硬约束下政府规制行为有效，而对软约束下标准剂量施药和施药次数的约束力不强；公共品牌效应带来了品牌溢价和垄断收益，隐形约束着农户采取安全施药行为。另外村级农资供应商对安全间隔期施药、标准剂量施药和施药次数产生显著正向影响，表明村级农资供应商具有安全施药技术推广作用，同时也可能导致农药源头的不安全。

　　五是信息不对称会影响农户专用性资产投入和配置，也可能使农户产生机会主义行为和逆向选择风险。通过信息不对称与资产专用性交互项对农药安全施用行为的回归结果，可知信息不对称强化了物质资产专用性对违禁农药使用和施药次数对农药安全施用的负向影响，强化了其对安全间隔期和标准剂量施药的正向影响；弱化了技术资产专用性对违禁农药使用的负向影响，强化了其对安全间隔期施药和标准剂量施药的正向影响；强化了人力资产专用性对违禁农药施用的负向影响，强化了健康状况对标准剂量施药行为的正向影响；市场距离强化了经营面积和土地细碎化对安全间隔期施药的正向影响，农药残留认知弱化了经营面积对违禁农药施用、安全间隔期施药、标准剂量施药和施药次数的正向影响。

第六章

需求驱动对农药安全施用行为影响的研究

消费者对安全农产品的需求驱动会影响农户的农药安全施用行为，通过市场行为进行控制，包括需求能力、价格溢出、交易方式三个路径进行倒逼。需求能力具体表现为市场购买能力和需求容量，价格溢出为生产地与消费地的经济距离和空间距离，交易方式为销售渠道和合约稳定性。交易方式为农户与市场的双向行为，存在不确定性，已在资产专用性模型中进行了实证讨论，本章节主要实证分析市场需求能力和价格溢出对农药安全施用行为的影响。

第一节　需求驱动对农药安全施用行为影响的实证分析

一　理论假说与模型构建

根据前文理论分析，讨论需求驱动对农药安全施用的影响机理，具体如下。

消费能力有利于农药安全施用。市场会根据消费者消费水平和消费结构选择不同质量安全层级的农产品，安全水平越高价格越高，当地区安全农产品消费者越多，安全农产品消费规模越大，当地区居民消费水平越高，越愿意支付安全价格，同时会影响农产品定价等级。

消费水平越高，消费规模越大，越容易促进生产者选择安全农产品生产，以获得更高利润。

需求容量有利于农药安全施用。需求容量用城镇人口和城镇化率表示，安全农产品消费市场主要集中在城市人口，城镇人口规模直接决定着安全农产品消费量，安全农产品消费需求规模越大，一方面促使供给规模增加，使越来越多农户生产安全农产品；另一方面提高安全农产品价格，促使更多农户为追求安全收益而进行安全生产，通过需求规模增加倒逼供给侧农户改进农药安全施用。

价格溢出有利于农户改进农药安全施用。产地与消费市场间的距离会影响安全价格溢出，地理距离直接影响运输成本，进而影响价格增加程度，经济距离直接影响经济和消费差距，也会影响定价结构，两者都决定了安全价格溢出程度，进而影响农户安全生产行为倾向。

因而，根据上述影响机理提出本章节研究假说，整理后见表6-1。

表6-1　　　　　　　　　　　研究假说总结

编号	假说内容	预期结果	作用机理
H1	消费能力对农药安全施用行为的影响	+	因市场选择效应，城镇居民消费能力越强，越愿意支付高安全溢价，促进农户选择安全农产品生产
H2	需求容量对农药安全施用行为的影响	+	城镇居民越多，城镇化率越高，对安全农产品消费规模越大，越能促进更多农户生产安全农产品
H3	价格溢出对农药安全施用行为的影响	+	价格溢出越高，安全农产品利润越高，越容易刺激农药安全施用

二　模型构建与指标选择

（一）模型构建

研究市场需求驱动对农产品农药安全施用行为的影响效应，同样将农药安全施用行为界定为硬约束下和软约束下的农药安全施用行为，硬约束表示政策法规明文规定不允许或禁止行为，即用"违禁农药使用""安全间隔期施药"来反映；软约束表示非政策法规规定行为但对农药残留直接产生影响的不科学施药行为，即用"标准剂量施药""施药次数"来反映。其中，违禁农药使用行为、农药安全间隔期和标准剂量施药行为属于0—1的二值选择模型，构建Probit概率函数（probit function），函数公式如下：

$$probitit(p) = \Phi\left(\beta_0 + \sum_{i=1}^{n} \beta_i x_i\right) = \frac{1}{\sqrt{2\pi}} \int_{-\infty}^{\beta_0 + \sum_{i=1}^{n} \beta_i x_i} \exp\left(-\frac{z^2}{2}\right) dz$$

$$(6-1)$$

式中，β_0 为常数项，β_i 为待估参数，x_i 为自变量。

施药次数则采用零膨胀泊松回归模型，模型如下：

$$\begin{cases} P(y_i = 0 \mid x_i) = \theta \\ P(y_i = j \mid x_i) = \frac{(1-\theta) e^{-\lambda_i} \lambda_i^j}{j! \ (1 - e^{-\lambda_i})} \\ j = 1, 2, \cdots, N \end{cases}$$

$$(6-2)$$

式中，λ_i 为 $\exp(x_i'\beta)$，而 $\theta > 0$，β 为代估参数。

（二）指标选择

实证研究需求驱动对农药安全施用行为的影响，模型中变量设置了因变量、自变量和控制变量三类变量指标，具体变量设置如下。

1. 因变量选择

探讨农药安全施用行为受到市场需求驱动的影响，同样将农药安全施用行为界定为硬约束下和软约束下两大类，以便于针对不同约束程度测度需求驱动对其影响，具体化提出改进措施。与资产专用性实证分析因变量选择一致，其中硬约束下施药行为用"违禁农药使用""安全间隔期施药"来反映；软约束下施药行为用"标准剂量施药""施药次数"来反映。

2. 自变量选择

需求驱动方面影响农药安全施用行为的因素包括需求容量、消费能力和价格溢出三个方面，具体解释如下。

（1）需求容量。需求容量反映市场中对安全农产品的消费规模，即为安全农产品消费量，需求侧消费规模增加会引发供给侧增加产量，安全农产品既容易销售，相对利润也更高，促进农户选择安全农产品生产，倒逼其实施安全用药。因假定安全农产品被城镇居民消费，市场需求容量用各区县城镇人口和城镇化率表示，前者反映安全农产品潜在绝对消费规模，后者反映相对消费规模。

（2）消费能力。消费能力反映消费者购买相对高价安全农产品的购买能力，消费能力越强，安全农产品需求越大，促进农户生产更多安全农产品，激励其农药安全施用。结合统计数据可得性，具体消费能力用各区县城镇非私营单位职工平均工资表示，以反映城市消费者对安全农产品的购买水平，其中平均工资越高，则安全农产品购买水平越高；反之则越低。以四川省数据为例，2016 年非私营单位职工平均工资为 6.62 万元，各市州最高为成都市，达到 8.05 万元，说明成都对安全农产品的购买能力最强，则会倒逼成都农产品安全生产更为严格、广泛。

（3）价格溢出。因安全农产品价格参差不齐，价值链传递复杂，安全价格不易剥离，故选择用地理距离和经济距离考量安全价格溢出。贺梅英和庄丽娟（2014）用预期销售价格反映市场需求驱动，但存在不确定性和市场信息不对称问题，本书借鉴李永友（2014）使用的价格溢出效应表示方法，包括两种方法：一种是根据地理区位间的距离，距离越远则相互间价格溢出就越低；另一种是根据经济发展水平，用人均 GDP 差异程度来表示。地理距离用产地距离所在地级市的最近公路距离，及产地距离成都市的最近公路距离，以反映物流成本及信息传递成本。地理距离数据通过百度地图查询所得。假设地理距离越近，运输成本越低，产地生产者更易更快获得市场中安全消费信息，会及时调整生产结构和用药行为，价格溢出越小，距离越远，安全信息获得存在滞后性，价格溢出越大。经济距离用各区县人均 GDP 与成都市人均 GDP 的差额表示，以研究因不同经济发展水平、市场规模导致的安全溢价水平。李景睿（2017）在研究出口产品质量升级中指出收入差距的缩小有助于提高出口产品质量水平，收入差距也是经济发展水平的反映。因此，假设经济差距越大，价格溢出水平越大；反之价格溢出水平越小。

3. 控制变量

除了上述需求驱动等自变量外，农户个体特征、家庭特征、其他要素投入等因素也会影响其施药行为，研究设定了9个控制变量，包括：性别、年龄、受教育水平、经营年限、家庭劳动力、家庭非农收入占比、耕地面积、品种、地区。

三　资料来源与描述性统计

（一）资料来源

实证数据中因变量及控制变量数据为调研访谈数据，自变量需求驱动方面数据为官方统计数据整理所得，包括非私营单位职工平均工资、城镇人口、城镇化率、距离地级市距离、距离成都市距离、人均GDP差距等指标，来自2016年《四川统计年鉴》。其他指标与第三章数据要求一致。

（二）变量的描述性统计

对指标变量作描述性统计分析，统计结果见表6-2。需求容量中城镇人口平均为32万人，标准差为14.40，极差近80万人，城镇人口分布严重不均、差异化明显，城镇化率平均为42.74%，最大值为75.10%，最小值为27.65%，区域间发展不均衡，相对2016年我国城镇化率平均值57.35%，仍存在较大差距；反映安全农产品购买能力的非私营单位职工工资平均值为4.84万元/年，标准差为0.58，地区间收入差距明显，高消费能力有限；地理距离中至成都距离平均为228.96千米，至地级市的平均距离为50.67千米，样本分布广泛，经济距离均值为3.74万元/人，标准差为2.12，说明人均GDP存在较大差距，地区间经济发展水平不均衡。

表6-2　　　　　　　　变量的描述性统计

属性	变量	变量代码	变量赋值	均值	标准差	最大值	最小值
硬约束下施药行为	违禁农药使用	banned_pesticide	0 = 未使用违禁农药；1 = 使用过违禁农药	0.157	0.364	1	0
	安全间隔期施药	safety_interval	0 = 未考虑安全间隔期；1 = 考虑安全间隔期	0.719	0.450	1	0

续表

属性	变量	变量代码	变量赋值	均值	标准差	最大值	最小值
软约束下施药行为	施药次数	pesticide_number	实际数值（单位：次）	3.078	1.743	12	1
	施药剂量施药	pesticide_dose	0＝未按标准施药；1＝按标准施药	0.790	0.408	1	0
需求容量	城镇人口	urban_population	实际数值（单位：万人）	32.005	14.400	83.400	3.480
	城镇化率	urbanization_rate	实际数值（单位:%）	42.742	11.012	75.102	27.647
购买能力	非私营单位职工平均工资	wage	实际数值（单位：元）	48366.024	5849.743	79477.000	30569.000
价格溢出	至成都距离	distance_Chengdu	实际数值（单位：千米）	228.964	185.924	656.600	24.100
	至地级市距离	distance_city	实际数值（单位：千米）	50.671	52.566	230.200	0.000
	经济距离	distance_economic	人均 GDP 差（单位：元/人）	37399.410	21226.961	56418.380	0.000
控制变量	性别	gender	0＝女；1＝男	0.620	0.486	1	0
	年龄	age	实际数值（单位：岁）	51.167	12.605	85	16
	受教育水平	eduction	1＝小学及以下；2＝初中；3＝高中或中专；4＝大专、本科及以上	1.722	0.799	5	1
	经营年限	planting_years	实际数值（单位：年）	27.137	14.500	60	0
	家庭劳动力	labors	实际数值（单位：人）	2.848	1.087	8	0
	家庭总收入	income	实际数值（单位：万元/年）	7.726	5.709	16.736	2.541
	经营面积	area	实际数值（单位：亩）	5.043	4.936	20	0.8
	品种	varieties	1＝粮食；2＝蔬菜；3＝水果；4＝茶叶	1.762	0.847	4	1
	县	county	调研点各个县	—	—	—	—

四 实证分析

（一）模型检验

为避免自变量间的多重共线性问题，对自变量进行多重共线性检验。基于 Stata14.0 软件利用方差膨胀因子进行共线性处理，对各个回归模型检验，结果显示城镇人口和城镇化率存在共线性，其他变量方差膨胀因子最大值均未超过 10，故不存在共线性。考虑到市场需求容量中城镇人口为绝对数量，城镇化率为相对数量，两者尽管存在共线性，但表示含义有差别，故仍保留，同时回归模型中对所有自变量取自然对数处理。

（二）回归结果及分析

本书利用 Stata14.0 软件分别处理硬约束下和软约束下回归模型，回归结果见表 6-3 和表 6-4。违禁农药使用、安全间隔期施药和标准剂量施药因变量模型运用 Probit，施药次数运用零膨胀泊松回归模型处理。

表 6-3　　　　　　　　　　硬约束下回归结果

硬约束下	违禁农药使用			安全间隔期施药		
指标	（1）	（2）	（3）	（4）	（5）	（6）
ln（urban_population）	-1.084 (1.325)			0.144 (0.377)		
ln（urbanization_rate）	-3.421* (3.862)			1.805** (0.862)		
ln（wage）		-9.636 (11.511)			2.187** (1.893)	
ln（distance_Chengdu）			-1.052* (0.829)			0.033 (1.768)
ln（distance_city）			-1.614* (1.089)			0.050* (1.473)
ln（distance_economic）			2.655 (3.129)			-0.256 (2.337)

续表

硬约束下	违禁农药使用			安全间隔期施药		
指标	（1）	（2）	（3）	（4）	（5）	（6）
gender	-0.004	-0.004	-0.028	0.110	0.110	-0.009
	(0.172)	(0.172)	(0.204)	(0.140)	(0.140)	(0.167)
age	0.023**	0.023**	0.032***	-0.007	-0.007	-0.001
	(0.010)	(0.010)	(0.012)	(0.009)	(0.009)	(0.010)
eduction	-0.093	-0.093	-0.131	0.188*	0.188*	0.178*
	(0.102)	(0.102)	(0.128)	(0.098)	(0.098)	(0.117)
planting_ years	-0.030***	-0.030***	-0.032***	0.009	0.009	0.014*
	(0.007)	(0.007)	(0.008)	(0.006)	(0.006)	(0.007)
labors	-0.265***	-0.265***	-0.274***	0.095*	0.095*	0.088
	(0.080)	(0.080)	(0.098)	(0.066)	(0.066)	(0.086)
income	0.127	0.127	0.045	-0.078	-0.078	-0.098
	(0.115)	(0.115)	(0.131)	(0.111)	(0.111)	(0.127)
area	-0.031**	-0.031**	-0.043**	-0.005*	-0.005*	-0.009*
	(0.015)	(0.015)	(0.020)	(0.004)	(0.004)	(0.006)
varieties	已控制	已控制	已控制	已控制	已控制	已控制
county	已控制	已控制	已控制	已控制	已控制	已控制
_cons	-9.870	101.983	39.670	-5.657*	7.430*	-1.831
	(15.753)	(124.076)	(36.403)	(3.518)	(8.054)	(29.102)
R^2	0.176	0.176	0.235	0.190	0.190	0.153
F	75.78***	73.68***	71.53***	104.85***	104.85***	62.93***
N	605	605	605	605	605	605

注：*、**、***分别表示1%、5%、10%的显著性。括号内为标准误差；下同。

　　需求驱动对违禁农药使用影响的回归结果见表6-3中模型（1）、模型（2）、模型（3），可得出以下结论。一是需求容量指标中城镇人口和城镇化率与违禁农药使用都呈负相关关系，且城镇化率呈10%显著性。表明相对农村人口而言城镇人口越多，更多城镇居民可能消费安全农产品，促使农产品生产者不使用违禁的高毒、高残农药。二是反映城镇居民购买能力的城镇非私营单位职工平均工资与违禁农药使用呈负相关，但不显著。根据马斯洛需求层次理论，随着城镇居民收入水平提高，会逐渐开始消费安全农产品，但根据目前样本县现实情况，非私营单位职工工资水平处于中上水平，但相对物价水平和储蓄习惯，消费能力仍处于一般水平，对于安全农产品购买倾向仍较低，收入水平提高不能显著抑制违禁农药使用。三是生产地至中心城市成都市距离与违禁农药使用呈10%显著性负相关，至地级市距离也呈10%显著性负相关，经济距离呈不显著正相关。与研究假说不一致，一方面由于空间距离越大，价格溢出会越高，安全收益相对近距离更高，农户会更加注重农药安全施用行为；另一方面是因为城市近郊地区农产品商品化率更高，为提高产量和外观而发生道德风险，针对当前我国家庭农业生产"一家两制"情形，距离市场较远地区自给占比更高，会选择低残低毒农药，甚至不使用农药。倪国华等（2014）指出因市场无法给予安全农产品优质价格，生产者只好提供低质量、不安全农产品以实现其利润最大化，这也是"一家两制"存在的根本原因。

需求驱动对安全间隔期施药影响的回归结果见表6-3中模型（4）、模型（5）、模型（6），可得出以下结论。一是城镇人口和城镇化率与安全间隔期施药呈正相关，且城镇化率呈5%显著。表明城镇化率能够促进农产品生产者遵守农药安全间隔期，城镇人口相对越高，对安全需求提高，促进安全农产品销售和增值。二是城镇非私营单位职工平均工资与安全间隔期施药呈5%显著性正相关。城镇居民食品购买水平与收入水平一致，当收入水平越高，食品支出相对增加，在一定水平后会愿意对食品安全进行支付，从而促进安全农产品需求增加，根据市场信息传递，农户会偏向于按照安全间隔期施药。三是安全溢价中至成都距离、至地级市距离都与安全间隔期施药存在正相关关系，经济距离呈负相关，只有至地级市距离的指标显著。距离市场越近，市场对安全农产品需求越大、购买力越强，越容易促进农户在安全间隔期内施药，以获得更多的安全收益。

需求驱动对标准剂量施药行为影响的回归结果见表6-4中模型（1）、模型（2）、模型（3），可得出以下结论。一是需求容量中城镇人口和城镇化率都对标准剂量施药呈10%显著性正向影响。城镇人口规模增加，相对城镇化率提高，促使城镇居民增加食品安全支出，同时随着城镇扩大，政府对市场监管力度增强，通过市场来驱动农户按标准剂量施药，以防止农药残留。二是城镇非私营单位职工工资与标准剂量施药呈正相关，但不显著。同样可能因为当前城镇居民食品支出水平较低，对安全支付意愿不强。三是安全溢价中至成都距离与标准剂量施药呈10%显著性正相关，经济距离与标准剂量施药呈10%显著负相关。说明距离中心城市成都越近，农户与市场之间安全信息不对称性越弱，一线城市居民对安全农产品购买能力和需求量显著高于三线、四线城市，对农户按照标准剂量施药约束性更强。人均GDP差距阻碍农户按标准剂量施药，由于经济发展水平越低的地区，人们收入水平也相对偏低，城镇居民对安全农产品消费能力有限，农户经营农产品更加注重产量，生产者受教育水平不高，市场中安全信息不对称严重，使农户存在不按照标准剂量施药的可能性。

需求驱动对施药次数行为影响的回归结果见表6-4中模型（4）、模型（5）、模型（6），可得出以下结论。一是城镇人口和城镇化率对施药次数负向影响，且都呈10%显著性。表明市场对安全农产品需求容量越高，促使农户通过减少施药次数来提高农产品质量安全水平。二是城镇非私营单位职工工资与施药次数呈负相关，但不显著。三是安全溢价中至成都距离和至地级市距离与施药次数呈负相关，但不显著，经济距离与施药次数呈5%显著正相关。表明经济发展水平差距越大，越不利于农户减少施药次数，经济发展水平较高地区，农户安全和环保意识更强，注重减少农药施洒次数，以获得额外的安全收益。

表6-4　　　　　　　　软约束下回归结果

软约束下	标准剂量施药			施药次数		
指标	（1）	（2）	（3）	（4）	（5）	（6）
ln（urban_population）	4.939*(2.726)			-0.245*(0.127)		
ln（urbanization_rate）	2.726*(1.733)			-0.230*(0.194)		

续表

软约束下	标准剂量施药			施药次数		
指标	(1)	(2)	(3)	(4)	(5)	(6)
ln (wage)		23.392 (68.716)			−9.810 (18.979)	
ln (distance_ Chengdu)			10.424 * (5.795)			−0.305 (0.309)
ln (distance_ city)			0.224 (0.281)			−0.784 (0.699)
ln (distance_ economic)			−14.658 * (8.155)			3.051 ** (1.442)
gender	−0.059 (0.137)	−0.059 (0.137)	−0.139 (0.170)	−0.023 (0.033)	−0.023 (0.033)	−0.012 (0.039)
age	−0.001 (0.009)	−0.001 (0.009)	−0.001 (0.010)	−0.002 (0.002)	−0.002 (0.002)	−0.004 (0.003)
eduction	0.123 * (0.094)	0.123 * (0.094)	0.044 (0.116)	−0.002 (0.025)	−0.002 (0.025)	0.014 (0.029)
planting_ years	0.001 (0.007)	0.001 (0.007)	0.001 (0.008)	0.005 ** (0.002)	0.005 ** (0.002)	0.006 *** (0.002)
labors	0.074 * (0.067)	0.074 * (0.067)	0.098 * (0.086)	0.018 (0.016)	0.018 (0.016)	0.018 (0.018)
income	0.088 (0.106)	0.088 (0.106)	0.151 (0.122)	0.020 (0.028)	0.020 (0.028)	0.036 (0.030)
area	−0.003 ** (0.004)	−0.003 ** (0.004)	−0.006 * (0.005)	0.002 * (0.001)	0.002 * (0.001)	0.004 ** (0.002)
varieties	已控制	已控制	已控制	已控制	已控制	已控制
county	已控制	已控制	已控制	已控制	已控制	已控制
_cons	7.741 * (5.121)	−251.998 (739.349)	211.435 * (118.365)	0.477 (0.713)	−105.036 (204.179)	−28.138 ** (12.112)
R^2	0.110	0.110	0.117	0.128	0.128	0.142
F	57.03 ***	57.03 ***	42.91 *	78.26 ***	78.26 ***	59.14 ***
N	605	605	605	605	605	605

　　为更深入研究需求驱动各变量因素对农药安全施用行为的影响，作出各个回归结果的边际效应，同时针对施药次数作 IRR 处理，计算其发生率比，结果见表 6 - 5。至地级市距离与违禁农药使用存在 10% 显著性负相关，系数为 - 0.354，表示至地级市距离每增加 1 千米，农户使用违禁农药的概率降低 0.354 个单位。城镇化率对安全间隔期施药的边际效应为 0.519，且 10% 显著，表明城镇化率每提高 1 个百分点，农户偏向于安全间隔期内施药的概率增加 0.519 个单位；城镇非私营单位职工工资对安全间隔期施药的边际效应为 2.683，表明城镇居民购买能力对安全间隔期施药促进效果显著；至地级市距离对安全间隔期施药弹性影响显著，但效果不明显。各需求驱动因素中对标准剂量施药边际效应绝对值最大的是经济距离，系数为 - 3.468，至成都距离、城镇人口、城镇化率的边际效应依次是 2.466、1.310、0.723。以经济距离为例，经济距离每增加 1 单位，农户选择不按标准剂量施药的概率会显著提高 3.468 个单位。经济距离对施药次数的边际效应系数为 9.513，呈 5% 显著。表明经济距离对安全价格溢出存在"挤出效应"，随经济距离增加会降低安全溢价水平，抑制农户采取农药安全施用行为。施药次数的 IRR 结果可知，在给定其他变量，与成都人均 GDP 差距越大的地区施药次数会增加 14.40%。

表 6 - 5　　　　　　　　回归结果的边际效应及发生率比

被解释变量	违禁农药使用	安全间隔期施药	标准剂量施药	施药次数	
指标	dy/dx	dy/dx	dy/dx	dy/dx	IRR
ln（urban_population）	- 0.248 (0.303)	0.041 (0.108)	1.310 * (0.762)	- 0.755 * (0.392)	1.278 (0.163)
ln（urbanization_rate）	- 0.783 (0.883)	0.519 * (0.245)	0.723 * (0.457)	- 0.709 (0.600)	0.794 (0.154)
ln（wage）	- 2.207 (2.632)	2.683 ** (1.847)	9.203 (18.225)	- 30.193 (58.541)	1.218 (2.476)
ln（distance_Chengdu）	- 0.231 (0.182)	0.009 (0.506)	2.466 * (1.362)	- 0.952 (0.965)	0.737 (0.228)

续表

被解释变量	违禁农药使用	安全间隔期施药	标准剂量施药	施药次数	
指标	dy/dx	dy/dx	dy/dx	dy/dx	IRR
ln（distance_city）	−0.354* (0.238)	0.014* (0.421)	0.053 (0.066)	−2.458 (2.178)	0.455 (0.318)
ln（distance_economic）	0.583 (0.685)	−0.073 (0.668)	−3.468* (1.916)	9.513** (4.503)	1.144** (1.494)
其他变量	已控制	已控制	已控制	已控制	已控制

五　稳健性检验

为保证前文需求驱动因素对农药安全施用行为影响结果的稳健性，从两方面考虑进行了稳健性检验。①更换了回归方程，将 Probit 模型换为 Logistic 估计方法重新进行系数估计，将零膨胀泊松回归模型换为 OLS 模型；②将样本根据地形特征进行分解，选取地形平坦样本的农户进行回归分析。最终得到结果如表 6－6 和表 6－7 所示。

表 6－6　　　　　Logistic 模型稳健性检验结果

硬约束下	违禁农药使用			安全间隔期施药		
指标	（1）	（2）	（3）	（4）	（5）	（6）
ln（urban_population）	−0.142 (0.329)			1.335 (0.842)		
ln（urbanization_rate）	−2.556* (3.475)			3.056* (4.590)		
ln（wage）		−0.001 (0.001)			0.0001** (0.0001)	
ln（distance_Chengdu）			−0.197 (0.280)			1.007 (2.837)
ln（distance_city）			−0.074* (0.147)			1.087 (2.547)
ln（distance_economic）			0.013 (0.062)			−1.595 (5.949)
其他变量	已控制	已控制	已控制	已控制	已控制	已控制
N	605	605	605	605	605	605

续表

软约束下	标准剂量施药			施药次数		
指标	（7）	（8）	（9）	（10）	（11）	（12）
ln（urban_ population）	0.001 * （0.002）			-0.611 * （0.317）		
ln（urbanization_ rate）	4.969 * （6.267）			-0.513 （0.638）		
ln（wage）		0.001 （0.001）			-17.367 （66.671）	
ln（distance_ Chengdu）			0.0001 * （0.0001）			-0.890 （0.755）
ln（distance_ city）			0.703 （0.294）			-2.237 （1.552）
ln（distance_ economic）			-0.0001 * （0.0001）			8.220 ** （3.220）
其他变量	已控制	已控制	已控制	已控制	已控制	已控制
N	605	605	605	605	605	605

表6-6通过转换模型做稳健性检验，结果可以看出，Logistic 模型下，需求驱动各项指标对硬约束下和软约束下农药安全施用行为影响系数与 Probit 方法回归结果系数方向都一致，数值大小基本变化不大，虽然显著性有所差异，仍可证明本书结果具有较强的稳健性。

表6-7　　　　　地势平坦地区稳健性检验结果

硬约束下	违禁农药使用			安全间隔期施药		
指标	（1）	（2）	（3）	（4）	（5）	（6）
ln（urban_ population）	-0.998 （2.053）			0.198 （1.706）		
ln（urbanization_ rate）	-0.471 （1.448）			2.317 * （1.581）		
ln（wage）		-8.694 （19.976）			6.166 * （3.794）	

续表

硬约束下	违禁农药使用			安全间隔期施药		
指标	（1）	（2）	（3）	（4）	（5）	（6）
ln（distance_Chengdu）			-0.401 (3.074)			1.935 (1.471)
ln（distance_city）			-2.115 (6.124)			1.701 (1.861)
ln（distance_economic）			4.194 (6.475)			-2.078 (1.658)
其他变量	已控制	已控制	已控制	已控制	已控制	已控制
N	279	279	279	279	279	279
软约束下	标准剂量施药			施药次数		
指标	（7）	（8）	（9）	（10）	（11）	（12）
ln（urban_population）	10.033* (5.460)			-0.210* (0.147)		
ln（urbanization_rate）	4.421 (2.977)			-0.181 (0.270)		
ln（wage）		6.737* (5.536)			-6.530 (26.687)	
ln（distance_Chengdu）			0.137* (0.554)			-0.835* (0.580)
ln（distance_city）			0.327 (0.220)			-3.719* (2.506)
ln（distance_economic）			-0.398 (0.731)			6.943* (5.052)
其他变量	已控制	已控制	已控制	已控制	已控制	已控制
N	279	279	279	279	279	279

由表6-7可知，地势平坦地区需求驱动各项指标对农药安全施用行为影响的系数与总样本回归结果系数方向都一致，显著性存在一定变化，可通过稳健性检验。

第二节 需求驱动对安全认证的影响

普通农户的农药施用行为存在不确定性，只有安全认证农产品施药行为会受到严格约束，安全信号通过认证标识传递到消费市场，已获得安全认证溢价，安全认证农产品生产行为对需求驱动更为敏感。为进一步分析需求驱动对农药安全施用行为的影响，将安全行为升级为无公害生产行为，来研究需求驱动对无公害认证规模和销售额的影响。无公害生产具有完整的标准体系、检测体系、标识体系及追溯体系，无公害标识反映了质量安全信号，也区别了与普通农产品的价格差异。无公害农产品生产过程控制技术要求，整个生产过程中病虫害防治要以不用或少用化学农药为原则，强调预防为主，以生物防治为主。更真实反映了违禁农药使用、安全间隔期施药、标准剂量施药和施药次数行为。

一 模型构建与资料来源

（一）模型构建

研究市场需求驱动对农产品安全认证的影响效应，首先构建需求驱动对无公害认证影响的多元回归模型，如下式所示：

$$y_i = \alpha + \beta_j \sum_1^6 x_j + \gamma_k county + \theta_p \sum_1^6 z_p + \varepsilon \qquad (6-3)$$

式中，y_i 表示认证规模和销售额；x_j 表示核心解释变量，包括城镇人口、城镇化率、城镇非私营单位职工工资、至成都距离、至地级市距离、经济距离；$county$ 为农产品质量安全监管示范县；z_p 为控制变量；ε 为残差项。

（二）指标选择

需求驱动对无公害安全认证的影响研究中，将研究变量分为因变量、自变量和控制变量。因变量为不同认证主体的认证规模、认证销售额；自变量中需求容量为城镇人口和城镇化率，消费能力为城镇非私营单位职工工资，地理距离为距离地级市距离和距离中心城市成都

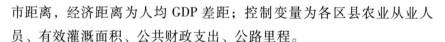

市距离，经济距离为人均 GDP 差距；控制变量为各区县农业从业人员、有效灌溉面积、公共财政支出、公路里程。

二　资料来源与描述性统计

（一）资料来源

无公害认证数据来自 2016 年四川省公布的全省各市、州无公害（种植业）产品目录①，对安全认证种植业数据整理后，截至 2016 年共计 138 个样本县，共 981 个认证样本。根据表 6 - 8 的样本分布情况，认证品种包含了粮油类、蔬菜类、水果类、食用菌类、茶叶类，其中蔬菜类占比最高，占比为 46.18%，其次是水果类，占比为 26.20%，食用菌最少，无公害认证有 40 家；申报类型包括新认证和复查认证，新认证达到 609 家，占比达到 62.08%；认证主体包括企业、合作社、农业技术推广服务中心、家庭农场、协会 5 类，其中合作社认证数量最多，为 577 家，占总认证数量的 58.82%，其次是企业，认证数量有 257 家，家庭农场仅有 31 家。

表 6 - 8　　　　　　　　　　样本分布情况

类别	指标	样本数	占比（%）	累计（%）
认证品种	粮油类	156	15.90	15.90
	蔬菜类	453	46.18	62.08
	水果类	257	26.20	88.28
	食用菌类	40	4.08	92.35
	茶叶类	75	7.65	100.00
申报类型	新认证	609	62.08	62.08
	复查换证	372	37.92	100.00
认证主体	企业	257	26.20	26.20
	合作社	577	58.82	85.02
	农业技术推广服务中心	66	6.73	91.74
	家庭农场	31	3.16	94.90
	协会	50	5.10	100.00

---

①　资料来自四川省农业厅官网公布的四川省各市州无公害（种植业）产品目录。ht-tp：//www.scagri.gov.cn/wsbs/wscx/wghzlk/。

（二）描述性统计分析

对各指标变量做描述性统计，结果见表6-9。可知，农产品无公害安全认证规模平均为2.231万亩，呈偏态分布，最大值达到175.088万亩，拉高了规模均值；认证销售额平均为2214.015万元，销售额度较大，也存在偏态分布，最大销售额达到15000.000万元，同样存在没有销售情形。自变量中，城镇人口平均为25.425万人，标准差为17.086，城镇化率均值为42.882%，标准差为13.609，极值差距66.245%，各样本区县间城镇化率差异显著；距成都市地理距离平均为210.419千米，最远地区达到740.700千米，说明无公害认证主要聚集在二、三小时车程的地区，距地级市平均距离为48.557千米，减少了运输成本，促进地级市居民能够消费到相比成都价格更低的无公害农产品；经济距离均值为4.032万元/人，标准差为1.797，说明人均GDP差距相对未呈现严重两极分化。

表6-9　　　　　　　　　　　描述性统计结果

类别	指标	单位	平均值	标准差	最大值	最小值
认证情况	认证规模	万亩	2.231	9.496	175.088	0.001
	认证销售额	万元	2214.015	3804.624	15000.000	0
需求容量	城镇人口	万人	25.425	17.086	83.400	0.710
	城镇化率	%	42.882	13.609	79.845	13.609
消费能力	城镇非私营单位职工工资	万元	4.713	0.796	8.467	3.057
价格溢出	距离成都市	千米	210.419	139.861	740.700	0
	距离地级市	千米	48.557	50.107	417.900	0
	经济距离	万元/人	4.032	1.797	6.572	4.243
政府规制	农产品质量安全监管示范县	—	0.580	0.494	1.000	0
控制变量	农业从业人员	万人	1.357	7.235	65.207	0.0002
	有效灌溉面积	万亩	4.713	0.796	8.467	3.057
	公共财政支出	万元	296101.900	179263.4	1183939.000	42552.000
	公路里程	千米	1932.103	1050.885	6025.000	447.000
	品种	—	2.414	1.050	5.000	1.000
	认证主体	—	2.023	0.961	5.000	1.000

三　农产品无公害认证特征分析

农产品无公害安全认证规模和销售额存在集聚效应和涟漪效应，将认证规模和销售额分别与距成都的地理距离和经济距离作散点图。图6-1为不同类别无公害认证规模与地理距离的散点图，总样本中认证数量、规模与至成都距离存在涟漪效应，即随着距离增加，认证规模逐渐减小，规模较大样本也都集中在400千米以内。从各认证类别看，粮油类、蔬菜类的认证规模也存在明显涟漪效应，茶叶类的认证规模存在明显的集聚效应，主要集中在50—400千米，水果类认证主要集中在400千米以内，且认证规模相对平均。以蔬菜类为例，随着距离中心城市成都市越近，因蔬菜的易腐性、保鲜期短特征，使无公害认证主要集中在成都周边400千米以内，市场的大规模需求促使无公害安全认证，在模仿效应和技术扩散机理下，促使区域采用农药安全施用行为。

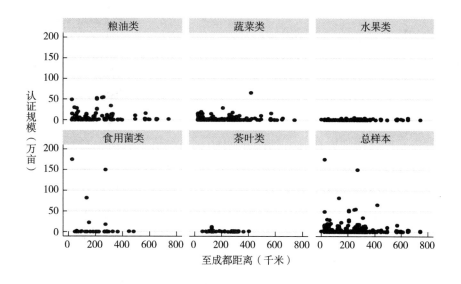

图6-1　不同类别农产品无公害认证规模与距成都地理距离散点

图6-2为不同类别无公害认证销售额与地理距离的散点图，总样本中认证销售额同样与至成都距离存在涟漪效应，即随着距离增

加，认证销售额逐渐减小。粮油类、蔬菜类的认证销售额也存在涟漪效应，销售额较大样本都集中在 400 千米以内。销售额反映了无公害认证实际生产和销售情况，也为市场消费情况，市场消费规模越大，需求带动供给增加，促使扩大无公害生产规模和销售，更多农产品被采取农药安全施用行为。

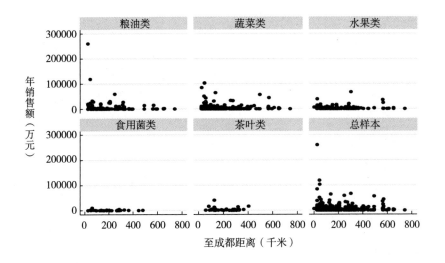

图 6 - 2 不同类别农产品无公害认证年销售额与距成都地理距离散点

图 6 - 3 为不同类别无公害认证规模与经济距离的散点图，总样本中认证规模与经济距离存在集聚效应，即主要集中在与成都经济距离在 5 万元/人区域。分样本中粮油类、蔬菜类、水果类、食用菌类及茶叶类都存在经济距离 5 万元/人区域的集聚效应。集聚效应会产生规模效应和模仿效应，无公害认证越集中，容易形成区域安全，使区域内农户逐渐改进农药安全施用行为。

图 6 -4 为不同类别无公害认证销售额与经济距离的散点图，总样本中认证销售额同样与经济距离存在集聚效应，也主要集中在与成都经济距离 5 万元/人区域。分样本也在经济距离 5 万元/人区域存在集聚效应。销售额越多地区，认证规模越大，销售与种植规模形成双向促进效果。一方面当认证生产规模越大，无公害农产品价格相对降

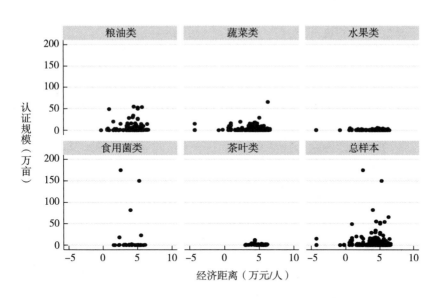

图6-3 不同类别农产品无公害认证规模与经济距离散点

低，促进其消费；另一方面消费越多，激励农户扩大无公害生产规模。通过市场消费来调控无公害农产品生产规模，从而使更多品种、更大面积农产品采取农药安全施用，最终实现整个产业、区域安全。

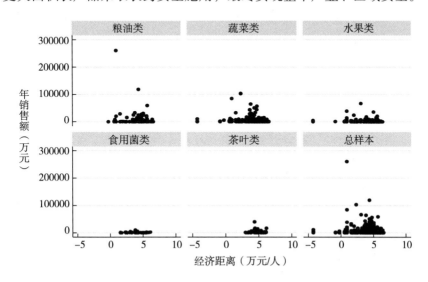

图6-4 不同类别农产品无公害认证年销售额与经济距离散点

四 实证分析

运用 Stata14.0 软件做回归处理，实证结果见表 6 - 10。需求驱动对认证规模的影响结果见表 6 - 10 中模型（1）、模型（2）、模型（3），可知以下结论。一是城镇人口和城镇化率与认证规模呈正相关，城镇化率呈 10% 显著性。说明城镇化率越高，无公害农产品消费人口相对越多，更能刺激当地扩大认证规模，在有限耕地资源条件下，无公害认证规模越高，农药安全施用规模占比越大。影响弹性系数为0.681，表示城镇化率每提高 1 个百分点，认证规模提高 0.681 个百分点，农药安全施用面积也相应增加 0.681 个百分点。二是消费能力指标城镇非私营单位职工工资水平与认证规模呈不显著正相关。三是地理距离与认证规模呈显著正相关，而经济距离与认证规模呈不显著负相关，说明假设不成立。地理距离中距离成都和地级市距离相关系数分别为 0.062 和 0.482，显著性分别为 10%、1%，说明地级市需求市场对无公害认证规模提高效果更明显，当至成都距离和至地级市距离都增加 1 千米时，认证规模分别提高 0.062 个、0.482 个百分点，也提高同比例的农药安全施用种植面积。因此，消费能力对无公害认证规模的影响受到产销地距离显著影响，加强高城镇化率城市的安全认证支持，通过就近消费来提高整体农药安全施用水平。四是政府规制指标农产品质量安全监管示范县 3 个模型中都与认证规模呈显著正相关。表示示范县可以有效促进农产品安全认证，也促进了农药安全施用，由于示范县一方面建立安全生产、认证支持和监管体系，另一方面对于安全农产品宣传较广，促进了农户生产和市场消费。

表 6 - 10   回归结果

分类	认证规模			销售额		
指标	（1）	（2）	（3）	（4）	（5）	（6）
城镇人口	0.239 (0.208)			0.090 (0.226)		
城镇化率	0.681* (0.425)			0.859** (0.403)		

续表

分类	认证规模			销售额		
指标	（1）	（2）	（3）	（4）	（5）	（6）
城镇非私营单位职工工资		0.200 （0.472）			0.377 （0.367）	
至成都距离			0.062 * （0.177）			0.145 * （0.192）
至地级市距离			0.482 *** （0.083）			0.333 *** （0.084）
经济距离			- 0.199 （0.148）			- 0.160 （0.137）
农产品质量安全监管示范县	0.370 ** （0.144）	0.202 * （0.132）	0.514 *** （0.146）	0.310 ** （0.128）	0.177 * （0.125）	0.401 *** （0.131）
农业从业人员	- 0.077 *** （0.030）	- 0.056 * （0.029）	- 0.067 ** （0.029）	- 0.039 （0.028）	- 0.022 （0.027）	- 0.030 （0.028）
有效灌溉面积	0.196 * （0.119）	0.042 （0.082）	0.266 ** （0.121）	0.347 *** （0.125）	0.265 *** （0.088）	0.470 *** （0.129）
公共财政支出	0.392 ** （0.199）	0.005 （0.156）	0.183 （0.215）	0.444 ** （0.181）	0.149 （0.140）	0.326 * （0.195）
公路里程	- 0.659 *** （0.181）	- 0.327 ** （0.133）	- 0.818 *** （0.177）	- 0.787 *** （0.164）	- 0.464 *** （0.133）	- 0.799 *** （0.164）
品种	已控制	已控制	已控制	已控制	已控制	已控制
认证主体	已控制	已控制	已控制	已控制	已控制	已控制
_cons	2.868 （3.199）	2.871 （1.909）	1.910 （2.108）	9.693 *** （2.991）	8.412 *** （1.713）	6.857 *** （1.951）
R^2	0.191	0.179	0.231	0.109	0.096	0.133
F	21.76 ***	22.07 ***	25.62 ***	9.47 ***	8.46 ***	10.26 ***
N	981	981	981	981	981	981

　　需求驱动对无公害认证销售额的影响结果见表 6 - 10 中模型（4）、模型（5）、模型（6），可得以下结论。一是城镇人口和城镇化率与无公害销售额正相关，且城镇化率呈 5% 显著性。城镇化率越高，城市发展水平越好，对无公害农产品消费量较大。城镇化率对无公害

销售额的影响系数为0.859，表示城镇化率每提高1单位，则无公害农产品销售额会增加0.859个百分点，农药安全施用面积也会提高0.859个百分点。二是城镇非私营单位职工平均工资与无公害销售额正相关，但不显著。可能原因是城镇中无公害农产品消费群体分布广泛，非私营单位职工工资水平在中等水平，非高收入群体，对安全认证农产品消费有限。三是至成都距离和至地级市距离都与无公害销售额呈显著正相关，且地级市距离系数大于至成都距离。表明消费市场距离远近对无公害销售影响程度也会不同，距离越短，越容易销售，销售额也越高，最终促进了安全用药面积的扩大。四是政府规制对无公害销售额呈显著正相关。农产品安全监管示范县能够促进无公害认证销售额，对安全认证支持政策提高了认证规模，随着市场需求增加，无公害种植规模和销售量也随之提高，也提升了示范县的安全用药水平。

第三节　小结

本章根据需求驱动对农药安全施用行为的理论假说，运用Probit、零膨胀泊松回归方法，构建出需求驱动对硬约束和软约束下农药安全施用行为影响的回归模型，并深层次研究了需求驱动对农产品无公害安全认证的影响。通过实证分析得到以下结论：

首先，需求驱动一定程度上可以促进农户规范农药安全施用行为。市场需求容量、至地级市距离对违禁农药使用有负向影响；需求容量、购买能力和至地级市距离对安全间隔期施药存在正向影响；需求容量、至成都市距离对标准剂量施药有正向影响；需求容量对施药次数有负向影响，而经济距离与其呈显著正相关。从影响系数边际效应比较，市场购买能力对农药安全施用促进效果大于需求容量，地级市对农药安全施用的正向影响大于成都市。

其次，四川省种植业无公害安全认证规模和销售额存在集聚效应和涟漪效应。地理距离上，认证主要集中在距离成都市周围400千米以内区域；经济距离上，主要集中在与成都市人均 GDP 差距在 5 万元/人的区域。

最后，需求驱动能够促进农产品无公害认证规模和销售额增长。市场需求容量、地理距离、政府规制与认证规模和销售额都呈显著正相关，且地级市对无公害认证的促进作用高于省会城市成都。

第七章

农户资产专用性、需求驱动对农药 安全施用行为影响的研究

前文理论分析已探讨农户资产专用性、需求驱动对农药安全施用行为的影响机理，发现需求驱动会显著影响农户根据资产专用性来调整安全生产行为，是一种外部治理机制，发挥着监督、约束和激励的作用，使农户形成"信息传递—价格传导—预期形成—生产决策"的安全生产过程。需求驱动能够促进农户专用性资产投入和调整，安全生产行为会得到修复和改进，随着不确定性和信息不对称逐步改善，农户的农药安全施用行为也会不断优化。本书将分析需求驱动与资产专用性交互项对农药安全施用行为的影响，资产专用性因素方面主要研究因后期受外界刺激而获得的专用性资产，从内部个体到外部市场及政府来探究如何改进农药安全施用行为。

第一节　需求驱动对资产专用性影响农药 安全施用行为的调节效应

一　影响机理分析

（一）需求驱动对物质专用性资产的影响机理

农户物质专用性资产选择参考因素主要为产品收益和居民消费结构。一方面产品收益由产品价格决定，农产品质量安全会产生一定溢

价，假定农药施用与安全价值存在同向因果关系，即农药安全施用程度越高，安全溢价水平越高，通过第五章分析安全溢价由地理距离和经济距离决定，距离消费市场尤其是大城市①越近，低运输成本和强宣传效果，增加安全溢价水平。安全溢价不同对农户的种植激励效果也有差异，对于理性农户，安全溢价越高会越偏向于生产，以获得溢价收益。另一方面根据马斯洛需求层次理论，城镇化带来了消费结构变化和消费规模增长，生活水平的提高提升了消费层次，达到一定水平后会开始消费高价且优质的安全农产品，愿意支付安全溢价。居民对粮食作物、经济作物、水果类消费结构决定了市场需求结构及规模，市场的分类效应和规模效应促使农户形成价格预期和生产决策，因居民消费结构难以准确测度，故本书实证研究重点分析安全溢价对物质专用性资产投入的影响。强物质资产专用性如水果、茶叶等往往具有较高的"沉淀成本"和高投入，一旦"锁定"到某种作物上，会产生较高的转换成本，农户偏向于长期规划投入，更加重视市场需求和销售，甚至品牌建设，对产品质量安全要求较高，来保证持续稳定收益，同时也相对降低农户道德风险，增强自我履约能力。因此，需求驱动通过安全溢价来促进农户选择强物质专用性资产经营，进而提高农药安全施用水平。

（二）安全溢价对技术专用性资产的影响机理

农户种植技术通过"从干中学"和"向他人学"两种途径获得，而安全种植技术获得来自模仿效应和培训效应，市场对安全需求信号主要通过培训传递到生产者。因此，研究需求驱动与培训交互项对农药安全施用行为的影响。一方面从意愿性角度，农户主动参与培训意愿性越强，获得技术专用性资产概率越高，农药安全施用技术累积促进其采取农药安全施用行为；另一方面技术专用性资产具有锚定效应，技术学习需要一定成本，技术要素与产品一旦匹配难以改变。应瑞瑶和朱勇（2015）研究指出随着农业技术培训程度加深，农户施药

行为会愈加合理，同时具有技术扩散作用，而农业技术供给水平、信息成本、不同区县都会影响技术培训需求和获得（宋金田等，2013；廖媛红，2014）。安全溢价则是决定农户参与安全技术培训意愿性的关键因素，安全溢价收益与农户安全技术学习意愿呈正向累加效果。

（三）需求驱动对人力专用性资产的影响机理

农药安全施用行为作为个体行为，受到农户自身素质影响，前文实证结果也可得出农户受教育水平与农药安全施用行为呈正相关关系，另外存在农药对劳动力要素的替代，因而劳动力数量和质量都会影响农药安全施用行为。劳动力受教育水平为自我行为或家庭因素制约，与外部市场影响较弱，而城镇化发展和外出务工对农村劳动力数量存在挤压，学术界主流观点也认为农村剩余劳动力转移两大途径为产业转移和地域转移（曾湘泉等，2013）。城镇化对农业生产存在双向影响，既存在压缩农业生产劳动力，也可以促进农业新技术的生产和扩散，通过直接和间接途径促进非农技术向农业技术转移（刘维奇等，2014），同时提升技术效率（李俊鹏等，2018），进而通过要素替代影响农户对除草剂、生长调节剂的使用。

（四）安全溢价对组织专用性资产的影响机理

前文研究已验证组织对农药安全施用行为存在促进作用，合作组织既可以降低农户独自经营的生产成本和风险，又能提高农产品价格，农户参与合作组织同时受到合作社效益好坏、分配是否公平和销售区域、价格的影响（汪志强等，2012），合作社收益、销售区域、农产品价格都受到生产地与销售地的地理距离和经济距离影响。距离市场越远，经济发展相对落后地区的农户农产品销售渠道单一，市场信息闭塞，单个家庭难以形成规模经营，在交易谈判中处于信息弱势地位，交易环境相对封闭，导致被不断压价，可能促使他们加入合作社，实现统一标准生产和销售，对安全控制具有约束性，也可能发生道德风险，使用不安全农药来提高产量。因此，地理距离和经济距离会影响农户参与合作组织的意愿性，进而影响农户的农药安全施用行为。

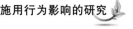

（五）需求驱动对地理专用性资产的影响机理

地理专用性资产包括土地经营规模和土地细碎化，两者会受到城镇化发展和安全溢价水平影响。城镇化与农业规模存在相互促进关系（杨钧，2017），促进农业现代化、规模化、标准化经营，降低细碎化程度，规模增加又会影响农户的农药安全施用行为。生产地到市场的运输距离和交通条件也会影响农户生产规模决策，一般地距离市场越远销售成本越高，大规模生产农户更偏向于承包交通条件和区位优势明显的地区，经济差异也会影响农户经营规模选择。因此，需求驱动对农户土地经营规模产生影响，通过生产规模进而影响农药安全施用行为。

（六）安全溢价对销售不确定性的影响机理

契约稳定性有利于降低交易费用，实现利益共享、风险共担的分配机制，规避农户的机会主义行为和道德风险，约束农户安全生产行为。已有研究中也指出紧密型合同关系能够提高农产品质量安全水平（吕志轩，2009），契约也可以规避农业生产的市场风险，减少市场交易搜寻成本，生产方根据合同要求技术规程进行生产，质量安全得到保证，但也要注意订单农业的非激励性合约属性，当合同价与市场价存在较大偏离时，契约双方主体总有一方有较强的违约动机（郭晓明等，2006）。距离市场远近既影响农户交易成本，也影响农户市场信息获得情况，进而决定其是否签订稳定合同关系，市场价与合同价离差则影响着是否违约，溢价水平也影响着农户安全生产行为，当预期溢价高于合约价，便可能违约，或不按照合约规范技术生产，造成不安全风险。郭锦墉等（2007）对农户营销合作履约行为的影响因素研究，发现农产品类型、生产集中度、价格波动、销售难度、距离市场远近等因素都对农户履约行为有不同程度和方向的影响。因此，地理距离和经济距离造成的溢价水平高低会影响农户履约与否，从而影响农户的农药安全施用行为。

二 变量选择与方法说明

（一）变量选择

前文机理分析得出需求驱动对专用性资产对农药安全施用行为的

影响存在调节效应，为进一步讨论实际影响效果大小，构建实证模型进行分析，参考一般性研究，需要选择因变量、自变量和控制变量。因变量选择硬约束下和软约束下的农药安全施用行为，具体包括违禁农药使用、安全间隔期施药、标准剂量施药和施药次数。自变量选择根据机理分析整理，具体包括资产专用性方面的物质资产专用性、参与培训、家庭劳动力、参加合作组织、土地经营面积、签订销售合同、中间商销售等变量。自变量需要考量需求驱动因素与资产专用性交互项变量。需求驱动控制变量为性别、年龄、受教育情况、非农收入占比、农业补贴、投入成本、农产品质量安全监管示范县、公共品牌、作物种类、地区（县/区）等。

（二）方法说明

实证模型选择 Probit 方法和零膨胀泊松回归方法，重点探究需求驱动与资产专用性交互效应对农药安全施用行为的影响，具体模型表达式如前文所示。本书分别构建违禁农药使用、安全间隔期施药、标准剂量施药和施药次数的回归模型，深入分析资产专用性与需求驱动交互效应对农药安全施用行为的影响。

三　实证分析

（一）资产专用性、需求驱动与违禁农药使用

资产专用性与需求驱动交互项对违禁农药使用影响的回归结果见表 7 - 1。可知，回归（1）中 perennial_crops × ln（distance_Chengdu）、perennial_crops × ln（distance_city）的估计系数为正，显著性为 10%，表明距离大城市较近的农户种植多年生作物会偏向于减少使用违禁农药。一方面他们更靠近安全农产品消费市场，对安全信号接收更便捷、全面，对安全农药认知水平更高；另一方面交易成本较低，安全溢价易获得体现，安全信息相对对称。回归（2）中 training × ln（distance_Chengdu）、training × ln（distance_city）的估计系数显著为正。表明大城市周边农户更多地参加安全技术培训，使减少使用违禁农药，而偏远地区技术培训效果较差。从政策角度出发，基于培训对违禁农药使用规制效果明显，加强偏远地区农民的安全生产技术培训，做到理论与实践、技术与市场信息并重，通过政府引导和市场调

控规范农户施药行为。回归（3）中 labors × ln（urbanization_rate）的系数不显著为负。尽管城镇化率挤压了农村剩余劳动力，但生产中农药对劳动力形成的要素替代效应，主要是因技术进步诱致的，达到节约劳动力和提高生产效率目的，故交互项系数不显著。从市场需求出发，城镇化率越高，需求安全农产品的城镇居民增加，安全溢价提高，使用违禁农药可能性降低。回归（4）中组织变量与安全溢价各变量的交互项系数不显著为正。表明各个地区间参加合作组织与不参加对违禁农药使用行为影响不大。由于目前合作组织相对松散，对社员生产行为约束性、统一性不强，安全溢价本应会促进农户参加合作社，紧密型合作社会规范农户使用安全农药，而现实中合作社"空心化"导致了合作社对社员规范性不足。回归（5）中 area × ln（urbanization_rate）的系数显著为负，安全溢价方面交叉项系数不显著。表明城镇化率明显抑制了大规模种植户使用违禁农药。回归（6）中 contract × ln（distance_city）、contract × ln（distance_economic）的系数显著为正。表明地理距离和经济距离强化了合约对违禁农药使用的正向影响程度，也可以说距离地级市周边签订了合约的农户更偏向于施用安全农药，而偏远地区农户即使签订了合约也容易发生逆向选择行为，产生违约和不安全风险。总之，至大城市的地理距离显著提高了强物质资产专用性、参加培训及签订合约农户使用违禁农药的可能性，城镇化率抑制了大规模种植户使用违禁农药的概率。

表 7-1　　　　　　　　　　　违禁农药回归结果

变量	（1）	（2）	（3）	（4）	（5）	（6）
perennial_crops	-0.002* (0.001)					
training		-1.055* (1.199)				
labors			0.181 (0.198)			
cooperative				-0.918 (1.206)		

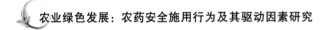

续表

变量	(1)	(2)	(3)	(4)	(5)	(6)
area					−0. 143 *	
					(0. 259)	
contract						−0. 455 *
						(0. 928)
channel						1. 317
						(1. 224)
perennial_crops ×	0. 020 ***					
ln（distance_Chengdu）	(0. 007)					
perennial_crops ×	0. 031 ***					
ln（distance_city）	(0. 007)					
perennial_crops ×	0. 095					
ln（distance_economic）	(0. 002)					
training ×		0. 149 **				
ln（distance_Chengdu）		(0. 073)				
training ×		0. 143 **				
ln（distance_city）		(0. 066)				
training ×		0. 099				
ln（distance_economic）		(0. 104)				
labors ×			−0. 036			
ln（urbanization_rate）			(0. 053)			
cooperative ×				0. 030		
ln（distance_Chengdu）				(0. 054)		
cooperative ×				0. 039		
ln（distance_city）				(0. 067)		
cooperative ×				0. 089		
ln（distance_economic）				(0. 114)		
area ×					−0. 042 *	
ln（urbanization_rate）					(0. 029)	
area ×					0. 001	
ln（distance_Chengdu）					(0. 005)	
area ×					0. 008	
ln（distance_city）					(0. 009)	

续表

变量	(1)	(2)	(3)	(4)	(5)	(6)
area × ln（distance_economic）					0.005 (0.015)	
contract × ln（distance_Chengdu）						0.025 (0.050)
contract × ln（distance_city）						0.081* (0.054)
contract × ln（distance_economic）						0.027* (0.098)
channel × ln（distance_Chengdu）						0.050 (0.073)
channel × ln（distance_city）						0.002 (0.080)
channel × ln（distance_economic）						0.099 (0.103)
控制变量	已控制	已控制	已控制	已控制	已控制	已控制
R^2	0.227	0.205	0.197	0.232	0.242	0.235
N	605	605	605	605	605	605

注：*、**、***分别表示1%、5%、10%的显著性。括号内为标准误差；下同。

根据前文农户资产专用性、需求驱动对违禁农药使用的影响机理及实证研究，对主要影响因素及作用路径运用 Vensim PLE 软件构建出违禁农药使用因果关系图，如图 7 - 1 所示。需求驱动因素除了自身直接对违禁农药使用产生影响外，还通过影响农户专用性资产投入和配置进而影响违禁农药使用。

（二）资产专用性、需求驱动与安全间隔期施药

资产专用性与需求驱动各因素交互项对农户安全间隔期施药的影响结果见表 7 - 2。可知，回归（1）中 perennial_crops × ln（distance_Chengdu）的系数显著为负。表明距离省会城市越近的多年生作物种植户更偏向于在安全间隔期内施药，由于他们更注重产品质量安全，水果类产品季节性、时效性较强，市场品牌效应和口碑效应增加了不

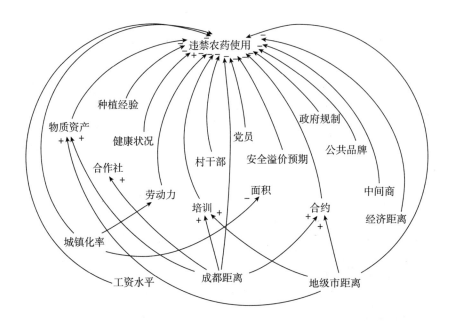

图 7 - 1 违禁农药因果关系

注：图中箭头和 " + "" - " 符号表示影响方向；下同。

安全后果成本。回归（2）中 training × ln（distance_Chengdu）、train-ing × ln（distance_city）、training × ln（distance_economic）的系数显著为负。表明地理距离和经济距离弱化了培训对安全间隔期施药的影响，也就是偏远落后地区农户对安全技术培训投入不足，安全意识薄弱，培训参与意愿不高，使培训对安全间隔期施药行为规范有限。回归（3）中 labors × ln（urbanization_rate）的系数不显著为正。表明在家庭劳动力一致情况下，城镇化率高地区与低地区农户安全间隔期施药行为没有显著差别。回归（4）中 cooperative × ln（distance_Cheng-du）的系数显著为负，而其他变量不显著。表明距离省会城市近的合作社对社员安全间隔期施药行为的约束较强，而距离偏远地区合作社对社员安全间隔期施药行为的约束较弱。而地级市范围内合作社距离市中心远近对是否遵守安全间隔期施药行为影响差别不大，因为省会城市成都周边合作社更加规范化、制度化，收益分配保障，而地级市偏远地区合作社多为名存实亡，合作社对社员生产技术约束力不足，

致使社员与非社员的安全间隔期施药行为没有差异。回归（5）中 area
× ln（distance_Chengdu）、area × ln（distance_economic）的系数都显
著为负。表明省会城市周边的大规模种植户会遵守安全间隔期施药。
回归（6）中 contract × ln（distance_Chengdu）、contract × ln（distance_
city）的系数都显著为负。表明大城市周边签订销售合约的种植户更
偏向于在安全间隔期施药，以获得安全溢价收益。总之，至省会城市
的距离会显著降低强物质资产专用性、大规模经营、参与合作社及签
订合约的农户采取安全间隔期施药的可能性，至地级市和省会城市的
距离及经济差距会显著降低受技术培训农户安全间隔期施药的概率。

表 7 - 2 安全间隔期施药的回归结果

变量	（1）	（2）	（3）	（4）	（5）	（6）
perennial_crops	0.052 * （0.409）					
training		3.141 ** （1.379）				
labors			− 0.114 （0.253）			
cooperative				− 1.032 * （1.771）		
area					− 0.422 （0.379）	
contract						1.338 * （1.078）
channel						− 1.396 （2.060）
perennial_crops × ln（distance_Chengdu）	− 0.054 * （0.100）					
perennial_crops × ln（distance_city）	− 0.007 （0.076）					

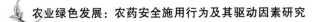

续表

变量	（1）	（2）	（3）	（4）	（5）	（6）
perennial_crops × ln（distance_economic）	-0.050 (0.042)					
training × ln（distance_Chengdu）		-0.036** (0.079)				
training × ln（distance_city）		-0.116** (0.058)				
training × ln（distance_economic）		-0.331*** (0.22)				
labors × ln（urbanization_rate）			0.038 (0.067)			
cooperative × ln（distance_Chengdu）				-0.038* (0.087)		
cooperative × ln（distance_city）				-0.050 (0.091)		
cooperative × ln（distance_economic）				-0.104 (0.174)		
area × ln（urbanization_rate）					0.032 (0.047)	
area × ln（distance_Chengdu）					-0.012* (0.007)	
area × ln（distance_city）					-0.001 (0.011)	
area × ln（distance_economic）					0.033* (0.022)	
contract × ln（distance_Chengdu）						-0.063* (0.058)
contract × ln（distance_city）						-0.033* (0.078)
contract × ln（distance_economic）						-0.138 (0.123)

续表

变量	（1）	（2）	（3）	（4）	（5）	（6）
channel × ln（distance_Chengdu）						−0.019
						(0.068)
channel × ln（distance_city）						−0.009
						(0.055)
channel × ln（distance_economic）						0.139
						(0.185)
控制变量	已控制	已控制	已控制	已控制	已控制	已控制
R^2	0.321	0.374	0.309	0.275	0.300	0.281
N	605	605	605	605	605	605

图 7-2 为整理资产专用性、需求驱动中主要因素对安全间隔期施药行为影响的因果关系图，影响方向依据前文机理推导和实证分析确定。

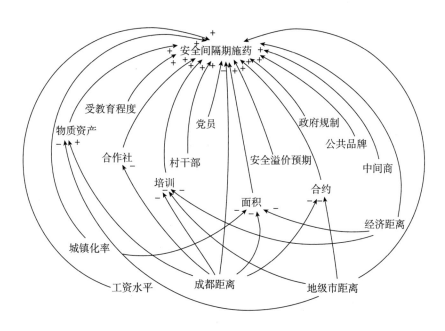

图 7-2　安全间隔期施药的因果关系

（三）资产专用性、需求驱动与标准剂量施药

资产专用性与需求驱动交互项对农户标准剂量施药行为的影响结果见表 7-3。标准剂量施药为政府软约束行为，需要市场行为发挥作用，解决"政府失灵"问题。可知，回归（1）中 perennial_crops × ln（distance_city）的系数显著为负。表明地级市周边多年生作物种植户更偏向于按照标准剂量施药。越靠近安全农产品消费城市的种植户，安全生产意识越高，为获得质量溢价而选择按照标准剂量施洒农药。回归（2）中 training × ln（distance_Chengdu）、training × ln（distance_city）、training × ln（distance_economic）的系数都显著为负。表明在大城市周边参加了培训的农户更愿意按照标准剂量合理施药，城市经济水平越高地区参加了培训的农户也会按照标准剂量施药。经济相对发达地区，居民消费水平越高，对农产品质量安全支付意愿更强，促进了农户加强农产品质量安全控制，按照标准剂量施药来降低农药残留。回归（3）中 labors × ln（urbanization_rate）的系数不显著为正。回归（4）中 cooperative × ln（distance_Chengdu）的系数显著为负。表明至省会城市越近的合作社成员越会根据标准剂量来喷洒农药，他们更容易获得高安全溢价收益。成都市周边合作社规范性、紧密性更强，农户能够从合作社获得利润分配，使合作社实现统一农资、生产和销售，实行标准化施药。回归（5）中经营面积与需求驱动各变量的交互项系数不显著，说明需求驱动对不同规模种植户是否按照标准剂量施药行为的影响差异不明显。回归（6）中 contract × ln（distance_Chengdu）、contract × ln（distance_city）的系数都显著为负。表明安全农产品消费市场周边签订了稳定性销售合约的农户更愿意按照标准剂量施药。大城市周边农户市场意识更强，为降低交易成本更愿意与下游收购商签订销售合同，合同规制了农户标准剂量施药的软约束下行为，但同时也要防范道德风险和"敲竹杠"情形。总之，安全农产品消费城市周边的多年生作物种植户及参加培训、合作组织和签订合约的农户更偏向于按照标准剂量合理施药，经济相对发达地区农户更愿意参加技术培训，更愿意规范性、标准化施药。

表 7 - 3　　　　　　　　　标准剂量施药的回归结果

变量	(1)	(2)	(3)	(4)	(5)	(6)
perennial_crops	0.051 * (0.039)					
training		1.865 * (1.338)				
labors			0.114 (0.248)			
cooperative				0.051 * (0.039)		
area					-0.277 (0.374)	
contract						0.050 * (1.138)
channel						-0.861 (1.653)
perennial_crops × ln (distance_Chengdu)	-0.014 (0.097)					
perennial_crops × ln (distance_city)	-0.056 * (0.079)					
perennial_crops × ln (distance_economic)	-0.015 (0.039)					
training × ln (distance_Chengdu)		-0.116 * (0.075)				
training × ln (distance_city)		-0.042 * (0.059)				
training × ln (distance_economic)		-0.170 * (0.120)				
labors × ln (urbanization_rate)			0.037 (0.066)			
cooperative × ln (distance_Chengdu)				-0.014 * (0.097)		

续表

变量	（1）	（2）	（3）	（4）	（5）	（6）
cooperative × ln （distance_city）				− 0. 056 (0. 079)		
cooperative × ln （distance_economic）				− 0. 015 (0. 039)		
area × ln （urbanization_rate）					− 0. 029 (0. 045)	
area × ln （distance_Chengdu）					− 0. 002 (0. 007)	
area × ln （distance_city）					− 0. 002 (0. 010)	
area × ln （distance_economic）					0. 032 (0. 022)	
contract × ln （distance_Chengdu）						− 0. 035 * (0. 074)
contract × ln （distance_city）						− 0. 144 * (0. 085)
contract × ln （distance_economic）						− 0. 023 (0. 139)
channel × ln （distance_Chengdu）						0. 072 (0. 079)
channel × ln （distance_city）						0. 056 (0. 078)
channel × ln （distance_economic）						− 0. 024 (0. 150)
控制变量	已控制	已控制	已控制	已控制	已控制	已控制
R^2	0. 200	0. 368	0. 165	0. 232	0. 212	0. 198
N	605	605	605	605	605	605

图 7 - 3 为整理资产专用性、需求驱动中主要因素对农户按照标准剂量施药行为影响的因果关系图，影响方向依据前文机理推导和实证分析确定。

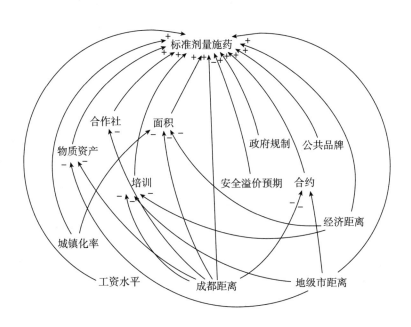

图 7 - 3　标准剂量施药的因果关系

（四）资产专用性、需求驱动与施药次数

资产专用性与需求驱动各变量交互项对农户施药次数的回归结果见表 7 - 4。可知，回归（1）中 perennial_crops × ln（distance_Chengdu）的系数显著为正。表明成都周边多年生作物种植户偏向于减少施药次数。由于成都作为全省最大的安全农产品消费市场，市场需求驱动对周边农户施药行为产生倒逼效应，使农户减少施药次数来降低农药残，从而获得质量安全溢价收益。回归（2）中 training × ln（distance_Chengdu）、training × ln（distance_city）、training × ln（distance_economic）的系数都显著为正。表明安全农产品消费城市周边参加了技术培训的农户会减少施药次数，而偏远地区和经济落后地区农户即使参加了技术培训，也不一定会减少施药次数，造成农药残留风险。回归（3）中 labors × urbanization_rate 的系数显著为正。表明高城镇化率使家庭劳动力越少的农户越偏向于增加施药次数。回归（4）中合作社参与和需求驱动各因素的交互项系数不显著。施药行为软约束下，不同地区农户参加合作社与否对施药次数的影响不明显。回归

（5）中种植面积与需求驱动各变量的交互项系数不显著。说明距离安全农产品市场远近及经济发展水平差距对不同规模种植户施药次数影响差异不大。回归（6）中 contract × ln（distance_city）的系数显著为正。表明地级市周边签订销售合同的农户会减少施药次数，距离地级市越远的农户，即使签订销售合同，施药次数减少也不明显，还可能存在逆向选择行为。回归（6）中 channel × ln（distance_Chengdu）、channel × ln（distance_city）的系数都显著为正。表明安全农产品消费城市周边依靠中间商销售农产品的农户会减少施药次数，而偏远地区通过中间商销售的农户会增加施药次数。因为越偏远地区中间商销售模式更具一次性交易特点，其对农产品农药残留等安全检测缺失，反而因交易中的价格主导地位导致不安全农产品的"搭便车"现象，在安全溢价空间被挤压情况下，农户通过增加产量来提高收益，造成施药次数增多。总之，越靠近安全农产品消费城市的多年生作物种植户及参加培训、签订销售合约农户更偏向于减少施药次数，并且安全农产品消费市场对其周边通过中间商销售农产品的农户的施药次数约束力更强。

表 7 - 4 施药次数的回归结果

变量	（1）	（2）	（3）	（4）	（5）	（6）
perennial_crops	- 0. 030 * (0. 048)					
training		- 2. 006 * (1. 288)				
labors			- 0. 283 * (0. 257)			
cooperative				- 0. 030 (0. 048)		
area					0. 170 (0. 262)	
contract						- 1. 508 * (1. 513)

续表

变量	(1)	(2)	(3)	(4)	(5)	(6)
channel						1.587*
						(1.627)
perennial_crops × ln (distance_Chengdu)	0.016*					
	(0.101)					
perennial_crops × ln (distance_city)	0.104					
	(0.089)					
perennial_crops × ln (distance_economic)	0.054					
	(0.042)					
training × ln (distance_Chengdu)		0.053**				
		(0.070)				
training × ln (distance_city)		0.068*				
		(0.060)				
training × ln (distance_economic)		0.145*				
		(0.111)				
labors × ln (urbanization_rate)			0.084*			
			(0.068)			
cooperative × ln (distance_Chengdu)				0.016		
				(0.101)		
cooperative × ln (distance_city)				0.105		
				(0.089)		
cooperative × ln (distance_economic)				-0.054		
				(0.042)		
area × ln (urbanization_rate)					-0.024	
					(0.032)	
area × ln (distance_Chengdu)					-0.006	
					(0.006)	
area × ln (distance_city)					0.009	
					(0.008)	
area × ln (distance_economic)					-0.008	
					(0.016)	
contract × ln (distance_Chengdu)						0.051
						(0.084)

续表

变量	（1）	（2）	（3）	（4）	（5）	（6）
contract × ln（distance_city）						0. 105 * （0. 073）
contract × ln（distance_economic）						0. 141 （0. 138）
channel × ln（distance_Chengdu）						0. 163 ** （0. 072）
channel × ln（distance_city）						0. 091 * （0. 068）
channel × ln（distance_economic）						0. 101 （0. 138）
控制变量	已控制	已控制	已控制	已控制	已控制	已控制
R^2	0. 164	0. 247	0. 126	0. 173	0. 143	0. 154
N	605	605	605	605	605	605

图 7 - 4 为资产专用性、需求驱动中主要因素对农户施药次数行为影响的因果关系图，影响方向依据前文机理推导和实证分析确定。

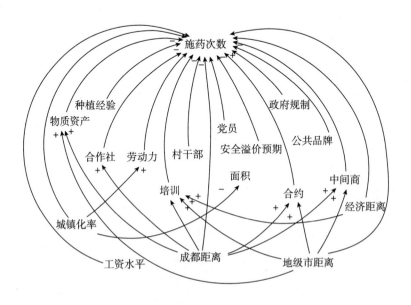

图 7 - 4　施药次数的因果关系

四 稳健性检验

前文对资产专用性、需求驱动对农药安全施用行为的影响，虽然在检验过程中尽可能控制了个体特征、家庭特征、地区及品种变量，仍可能存在没有控制但对农药安全施用行为存在影响的因素。为验证实证结果的稳健性，本节加入更多约束条件，检验资产专用性、需求驱动对农药安全施用行为影响的稳健性。

（一）地域的稳健性分析

将样本根据地形特征进行分解，选取地形平坦样本的农户进行回归分析，共有279户样本。因稳健性回归结果篇幅较多，故未列出回归列表。从稳健性检验结果发现，首先在交叉项系数影响方向上，与总样本回归结果系数方向一致，显著性存在一定变化，但仍可通过稳健性检验。其次从测度结果偏差上看，地势平坦地区需求驱动对农户资产专用性影响农药安全施用行为的系数多数大于总样本，说明需求驱动在平原地区更能促进农户进行专用性资产投入，进而影响农药安全施用行为。

（二）务工经历的稳健性分析

在分析中再加入家庭户主是否有外出务工经历分类变量，对有外出务工经历的341户农户作稳健性回归。外出务工可以提升农户社会资本水平，同时对兼业务农、专业务农人数产生影响，也对家庭收入结构产生改变，农户的农药安全施用行为会因劳动力要素和农药的可替代性发生调整。从稳健性回归结果可知，交叉项系数影响方向与总样本回归结果系数方向一致，显著性部分发生改变，影响系数大小也存在差异，基本上可通过稳健性检验。同时也表明了外出务工经历对不同地区农户专用性资产投入影响较大，农户的农药安全施用行为也因此重新调整。

第二节 小结

本章着重考察资产专用性与需求驱动交互作用对农药安全施用行

为的影响，讨论了需求驱动对农户资产专用性投入和重新配置作用的作用机理。市场外部机制发挥着监督、约束和激励作用，降低不确定性和信息不对称，解决政府失灵问题，进而使农户调整安全生产行为。经分析得到以下结论：

一是需求驱动强化了资产专用性对违禁农药使用的抑制作用。物质资产专用性、技术培训与地理距离交互项对违禁农药使用影响的估计系数显著为正，城镇化率提升可有效抑制大规模种植户使用违禁农药，偏远落后地区签订销售合同的农户更容易发生违约和道德风险。

二是需求驱动强化了资产专用性对安全间隔期施药的促进作用。物质资产专用性、合作组织、经营面积与至成都距离交互项对安全间隔期施药影响的估计系数显著为负，技术培训、销售合约与需求驱动交互项的估计系数显著为负。表明了中心城市成都附近的种植多年生作物、大规模经营、参加合作社及签订销售合约的农户更偏向于依据安全间隔期施药，偏远落后地区技术培训对农户考虑安全间隔期施药的引导效应较弱。

三是需求驱动强化了资产专用性对标准剂量施药的促进作用。物质资产专用性与地级市距离交互项、合作组织与成都距离交互项对标准剂量施药影响的估计系数显著为负，技术培训、销售合约与需求驱动交互项的估计系数显著为负，销售合同对成都周边农户的标准剂量施药行为约束更强，而偏远落后地区容易发生逆向选择和"敲竹杠"情形。

四是需求驱动强化了资产专用性对施药次数的抑制作用。物质资产专用性与成都距离交互项、城镇化率与劳动力交互项、合约与地级市交互项对施药次数影响的估计系数显著为正，技术培训、销售合同与需求驱动交互项的估计系数显著为正。在施药行为软约束下，面对政府监督失灵，市场行为发挥着积极作用。

第八章

农药安全施用优化建议

基于本书，为更好地发挥农户资产专用性、需求驱动、补贴政策对农药安全施用行为的影响作用，及信息不对称的调节效应，促进农户采取农药安全施用行为，提出以下几点政策性启示。

（一）合理配置专用性资产，抑制机会主义

专用性资产会显著影响农户的违禁农药使用、安全间隔期施药、标准剂量施药及施药次数等农药安全施用行为，专用性资产同时具备"锁定效应"，容易造成机会主义行为。为提高农药安全施用行为，抑制机会主义，结合本书研究提出以下建议。一是延长土地流转期限，保证契约稳定性，政府、流转方共同设立土地流转保证金，或保险金，或流转基金，用于土地违约补偿，另外增加相应专项补贴，特别是对物质专用性资产较强的农产品，如水果、茶叶等投入高、回收期长的产品，进而激励经营者提高安全投入，同时降低农业经营的不确定性，从而避免机会主义行为。二是加强安全技术培训及传播。主要依靠政府、科研单位、企业及合作社等主体，对农药安全施用技术加强培训，促进技术扩散，解决技术与优质产品的要素错配情况。三是通过教育培训提高农户人力素质，通过要素替代或互补来促进农药安全施用。实施农业能人培养工程，吸引技术人才从事农业经营，加快农业职业化，扩大实施农业技术人才认证。另外注重农户契约精神培养，降低农户道德风险或逆向选择行为，抑制农户机会主义行为发生。四是适度扩大土地经营规模，降低土地细碎化，提高农地交通条

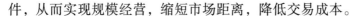

件，从而实现规模经营，缩短市场距离，降低交易成本。

（二）提高信息获得能力，降低交易成本

根据书中行为理论分析，农户个体行为决策过程为信息、态度和行为，其中信息是基础，直接决定了认知态度和行为方式，可以说信息水平是影响农药安全施用行为转变的根本因素。要提高农户的信息获得能力和运用能力，一是政府应通过示范效应，对"三品一标"农产品进行政策扶持和财政补贴，对这批典型的施药行为进行专门培训、指导和监督，并保证其销售，以此引导其他农户效仿，通过安全技术扩散促进农药安全施用；二是拓宽农户信息获得渠道，搭建政府信息发布平台，通过电视、广播、网络、村委会等多形式宣传和推广农药安全施用技术，从而改变农户认知；三是加强相对精英者对农药安全施用行为的影响，发挥群体性组织间声誉机制的作用，通过专业合作社、家庭农场和专业大户等新型经营主体的安全行为影响和引导其他农户行为。农户对市场安全信息的获得水平，直接决定了农户的施药决策和市场收益，在对市场信息搜集能力提升后，农户的市场交易成本也将减少，进一步刺激农户实施安全用药。

（三）加强农药安全施用宣传和检测，促进技术扩散

农产品安全需要政府和市场双重作用，政府发挥监管监督作用，为农药安全施用提供标准、法规依据，从法律角度规范农户安全行为，持续实施农药零增长行动。一方面应加强对农业经营者的农药安全施用宣传，扩大技术扩散范围。安全技术扩散方法主要包括培训、互相学习、农资人员扩散等途径，在传统培训、邻近效应发挥作用外，还需扩大范围建立村级农资服务网点，既降低农资成本和提高购买便捷性，也促进了农药安全技术扩散。另一方面从严检测和监督，完善相关法律法规，实施农产品安全"一票否决制""首长问责制"，提高背德风险和成本。特别是加强对农药最大残留限量标准的执行力度，进一步完善《中华人民共和国食品安全法》《中华人民共和国农产品质量安全法》《农药管理条例》等相关法律法规，为农药检测、监督和处罚提供法律依据。继续完善农产品农药残留风险评估应用指南、农产品农药最大残留限量制定指南、用于农药最大残留限量标准

制定的作物分类、农药每日允许摄入量制定指南等准则指南，从产前、产中、产后整个环节提供技术标准支撑，为农药安全施用提供积极性引导和规范作用。着力建立"生产小规模、服务大规模"的合作经营制度，发挥规模优势，从而实现集约化、专业化的多元服务体系，标准化服务生产来保证农产品安全。

（四）完善价格激励机制，推动标准化生产

研究中发现安全价格溢出有利于农药安全施用行为，而实际中存在"搭便车"行为，出现"柠檬市场"，优质不一定优价，安全信号又难以识别，导致安全农产品消费信心不足。可以通过相应政策支持措施，促进生产者、消费者、加工商等不同参与者激励相容，在政府和市场监管外部约束外，使农药安全施用行为成为一种自发行为。建立安全农产品定价机制和可参考的安全等级标准，使经营者生产有标准可依，抑制农户的逆向选择行为，消费者也有据可查，解决安全信息不对称问题。保证市场中合理的安全溢价，加强安全信号传递和政府监管，完善市场和超市安全农产品进入和退出机制，在现有行政资源缺乏和监管局限情况下，可建立有别于政府职能的第三方独立专业监管机构，降低因行政规则和检查制度因规制俘获导致的检查结果有偏，甚至失真，防范负向激励。高效率的安全规制是食品市场有效运转所不可缺少的先决条件（Martinez, et al., 2007），社会监督将有效保证农产品安全，进而提高监管效率，引入责任制度，虚假工作严惩制度，建立安全信息和违约信息公开制度，使居民享有消费和监管双重权利，增强消费者对农产品安全监管的信任，提高支付意愿。

为实现区域安全和技术示范效应，应推动规模化、标准化和示范化生产。一是因地制宜制定当地特色农产品生产规程，提出安全用药标准和方法，不断完善绿色农业标准体系，重点制定蔬菜水果和特色农产品的农药残留限量的国家标准和行业标准；二是实施"企业+基地"形式，建立一批规模较大的农业园区，规范其标准化生产，发挥其示范效应和带动效应，从而最终实现区域安全；三是推动家庭农场和经营大户的示范作用，发挥其同伴效应，通过鼓励新型经营组织农药安全施用，包括提供专项补贴等，进而依靠经营主体的邻近性，促进安全技术被模仿和扩散；四是建立国家级、省级农产品质量安全监管示范县，市级、县级农产品质量安全示范乡镇、主体等，通过示范性单位建立，促使其建立健全农产品安全监管体系，强化农产品质量安全监督和支持，增强规制政策对其约束性，甚至形成农户的自我约束机制。

（五）强化市场信息揭示，解决信息不对称

农产品质量安全问题根本诱因是信息不对称，而信息不对称主要是指市场对安全信号难以获得，或质量安全信号不属实、不确定，需要信息揭示将农产品安全的内在价值显性化。这就需要加强经营者或中间商的农产品安全信息揭示，在责任制度难以有效保障农产品安全的前提下，信息揭示是对行政处罚的有效补充，并且可有效调动社会监管和惩罚，规制者可以根据不同行业和竞争者具体情况，制定适宜的信息揭示方式，如建立开放的信息揭示平台，松绑社会监督，包括允许和保护媒体报道，鼓励民间监督机构成立等。目前针对产品安全的信息揭示途径主要有两种方法：一种是安全认证，包括"三品一标"、优质农产品、免检产品等，另一种是品牌显示，即通过品牌建立和提升，来揭示农产品的安全。政府一方面需要监管科学和科学监管，即监管制度、方法、标准、流程、体系本身要科学化，在监管执行中也要做到科学化、公平公正。农产品认证体系的发展和健全是减少安全信息不对称的重要手段。认证对生产者具有严格的技术限制，同时受到认证检测监督，强约束使安全生产行为起到规范作用。另一方面给予必要的政策支持和技术支撑，通过安全技术培训和推广引导农药安全施用，如生物农药补贴、病虫害保险、安全奖励等方式。

（六）优化"产业—空间"匹配，压缩空间成本

针对目前要素错配及"产业—空间"不匹配问题，应加强要素空间流动性、集聚性，依据地域特色资源和环境，发挥地区自选择效应，产业化、现代化发展特色产业，特别是相关产业的聚集，相同产业在同一空间聚集，发挥规模效应和地区公共品牌效应，在声誉效应和模仿效应的作用下，品牌优势建立的过程也将是农产品质量安全提升的过程，即为农户选择农药安全施用的过程，在同一区域同一产品

实施统防统治，实施标准化施药生产，从而通过质量安全提升来提高特色农产品的竞争力。因地制宜、因人制宜、因技选品、因品施药，依据城市的分类效应和选择效应，分层级提供安全农产品，若要素成本高和市场竞争大，市场会通过自我选择挤出不安全的经营组织和农产品，从而促使整个区域、产业的质量安全水平提升。限制农药安全施用因素还包括空间距离，根据地理距离选择销售市场，尽量缩短交通时间和费用，同时缩小与大市场间的经济距离，从而在保证大市场消费的同时，增加本地消费者消费量，基于当地消费者能更近距离、更有效监督和反馈安全农产品质量信息，缩短空间距离能有效诱导农药安全施用行为。

（七）实施紧密型交易模式，确保契约稳定性

从契约理论中的委托代理理论、不完全契约理论和交易成本理论出发，研究证明了紧密型合约能够保证交易稳定性，因声誉机制和违约成本约束，使交易双方偏向于遵守合约，则双方都存在帕累托改进。坚持安全是"产出来"的，强化生产者农药投入安全，推动对生产者约束性强的产业组织模式和销售模式，如委托代理模式、"企业＋基地"模式、"企业＋合作社＋农户"模式、农超对接模式等，通过稳定契约关系抑制败德行为，将农药安全施用行为移到事前规制。紧密型交易模式既可以降低交易成本，又保证了农产品生产中安全技术控制，需要交易双方自律和互信，也要保证交易收益高于违约成本，改变中间商或企业在议价中的强势地位，因而农户可以采取合作社、家庭农场联盟等形式来提高谈判能力。实现横向合作经营，纵向产业模块化，形成优势互补、资源共享、利益共赢、风险共担机制，实施连坐制度，在纵向和横向形成庞大的科层体系，既存在专业化分工，也存在合作共赢，因契约存在使各单元联结更紧密，降低交易费用和经营风险，又因声誉效应，促使各生产单元自觉保证安全用药。总之，政府可以通过制定适当的产业政策，保障合作经营持续发展，建立稳定的供应链关系，来规范、激励和约束农产品安全生产的专用性资产投入，进而控制农药安全施用行为。

（八）建立"组织—政府—市场—社会"四维矩阵的动态监管策略

我国以强制为基础的单一监管方式阻碍了农产品安全监管的有效性，政府干预存在"政府失灵"的可能性，面对复杂多变的安全监管工作，除了政府多部门通力协作，齐抓共管外，还应引入经营组织、市场及社会第三方参与监督，实现多方共治。实现农产品安全风险的社会多元共治是弥补政府行为有限性的重要途径（王建华，2015），而农产品安全作为公共品，安全监管仍是政府主导型。因此，提出建立"组织—政府—市场—社会"的四维监管矩阵，也有研究指出弹性、动态的监管策略较之静态监管策略往往更有效，故政府应设计不同地区、不同产业、不同用途、不同时期农产品的动态安全监管策略，持续推进监管科学和科学监管，推动智慧监管，根据互联网、智能监控等新型技术成果，简易化农药检测手段。生产者根据市场安全信息和价格传递，通过生产预期选择专用性资产投入，不断对生产决策进行动态调整。针对"政府失灵"情形，需要市场发挥作用，政府"看得见的手"应减少市场干预，重点降低安全农产品投入成本，增加生产者安全生产所获得额外收益，适当放权来提高监管效率。社会作为第三方独立参与监管，更有效率和效果，政府应建立完备通畅的消费者投诉平台，通过舆论力量打击不安全行为，建立信息公开共享和黑名单制度，鼓励行业协会开展成员信用评价和行业自律，推进农产品安全信用和农业征信体系建设，坚决抵制硬约束下的农药不安全施用行为。

附　　录

调查问卷

［访问员记录］

家庭地址：_____市_____区（县）_____乡/镇_____村_____组

受访者（主要回答人）姓名：_____　联络电话：_____

种植主要品种：_____（品种限定为种植面积最大或商品化率最高的某一种，包括水稻、小麦、玉米、马铃薯粮食作物类，柑橘、猕猴桃等水果类，蔬菜、油菜等经济作物类）

调查人员签字：_____

调查时间：2017 年_____月_____日

［家庭基本情况］

A1 受访者性别_____，年龄_____。

A2 户主学历为_____（1 = 小学及以下；2 = 初中；3 = 高中/中专；4 = 大专/本科及以上），户主年龄_____，户主健康状况_____（1 = 很差；2 = 差；3 = 一般；4 = 较健康；5 = 健康），户主是否有外出打工经历_____（1 = 是；0 = 否）。

A3 户主是否是党员_____（1 = 是；0 = 否），家庭中是否有村干部_____（1 = 是；0 = 否）。

A4 户主从事农业生产经营活动_____年。户主拥有的证书？（可多选）_____

1 = 新型职业农民证书，2 = 绿色证书，3 = 农业职业经理人，4 = 其他（_____）

注：绿色证书，旨在提高农民素质，组织农民进行农业职业技术

教育培训，培训合格颁发的证书。

A5 家庭人口数量_____人，其中劳动力_____人，外出打工人数_____人，外出打工地方_____（1 = 本县；2 = 本市外县；3 = 省内外县；4 = 省外），兼业务农人数_____人，家中完成九年义务教育的人数_____。

注：劳动力是指年龄在 18—60 岁的男子；年龄在 18—55 岁的女子。

兼业务农指的是在农忙时回家耕作，平时在外打工经商等。

A6 家庭具体收支情况

名称	家庭收入（元/年）								
	上年总收入	非农收入	非农收入占比	种植业收入	养殖业收入	打工收入或自营收入	农业补贴收入	财产性收入	其他收入
代码	H01	H02	H03	H04	H05	H06	H07	H08	H09
值			%						

名称	家庭支出（元/年）						
	上年总支出	农业生产性支出	住房支出	生活消费支出	教育、医疗支出	人情支出	其他支出
代码	H10	H11	H12	H13	H14	H15	H16
值							

注：非农收入为非自家农业性收入，主要包括自己经商、外出务工、帮别人干农活等工资性收入。

A7 去年您的家庭是否有借款或贷款_____（1 = 有；2 = 无），若有，资金用途是_____
1 = 农业生产；2 = 生活消费；3 = 住房消费；4 = 教育医疗；5 = 其他_____。

[农业生产经营情况]

B1 经营主体类型（　　）
1 = 合作社（成立时间____年）　2 = 家庭农场（成立时间____年）
3 = 龙头企业（成立时间____年）　4 = 专业大户　5 = 散户

B2 参加了____个合作社，合作社提供的服务_____（1＝农资合作；2＝农机合作；3＝技术指导；4＝销售合作；5＝土地合作），入社总费用为_____元/年。

B3 家庭耕地面积_____亩，其中，耕地面积主要品种经营面积_____亩，块数_____块；土地流转转入面积_____亩，租期_____年，剩余年限_____年，租金_____，流转土地来源_____（1＝本村；2＝外村）。如您需要转入耕地，则该地区转入耕地的难易程度如何？1＝很不容易　2＝较不容易　3＝一般　4＝比较容易　5＝很容易。

B4 种植主要品种获得专项农业补贴____元，其轮作作物为____。

B5 过去一年，主要品种的生产投入表：

种植品种	面积（亩）	种植收入		种植成本（元）							产品特征（获得年份）
		总产量（斤）	均价（元/斤）	种苗	农药	化肥	农膜	雇工	灌溉	机械	

注：产品特征：1＝普通，2＝无公害，3＝绿色食品，4＝有机食品，5＝地理标志，6＝公共品牌，7＝自有品牌。

B6 关于主要品种施药、施肥、病虫害防治方面的总括性问题（2016 年全年）：

H17 施药	H18 施肥				H19 病虫害防治
是否严格执行农药安全间隔期？	复合肥施用次数	有机肥施用次数	农家肥施用次数	农家肥进行无害化处理？	使用了哪些物理、生物防治方法？
□严格执行 □经常执行 □偶尔执行 □以前执行过，现在没执行 □不执行	_____次	_____次	_____次	□是 □否	□黄板 □杀虫灯 □复方杀菌剂 □生物除草剂 □其他（____）

注：农家肥无害化处理方法有 3 种：①暴晒、高温处理等；②用化学物质除害；③利用微生物进行堆腐处理。

B7　主要品种化肥施用情况：施肥共＿＿＿次，化肥成本共计＿＿＿元。

施肥次序	用工量	化肥1				化肥2				化肥3			
		化肥名称	施肥方式	来源	施用量	化肥名称	施肥方式	来源	施用量	化肥名称	施肥方式	来源	施用量
HS	工日	备注	备注	备注	斤/亩	备注	备注	备注	斤/亩	备注	备注	备注	斤/亩
HS	G4	G5	G6	G7	G8	G9	G10	G11	G12	G13	G14	G15	G16
第1次													
第2次													
第3次													
第4次													

备注：化肥名称：1＝尿素；2＝碳铵；3＝普通复合肥；4＝磷酸一铵；5＝磷酸二铵；6＝过磷酸钙；7＝钙镁磷肥；8＝重钙；9＝氯化钾；10＝硫酸钾；11＝硝酸钾；12＝磷酸二氢钾；13＝配方肥（专指测土配方肥）；14＝高浓缩复合肥；15＝缓释肥料和控释肥料；16＝叶面肥（成分：＿＿＿＿＿）；17＝农家肥；18＝商品有机肥；19＝土杂肥（包括生活垃圾堆制）；20＝其他（＿＿＿＿＿）。

肥料来源：1＝农资经销商；2＝商贩；3＝村订购；4＝合作社订购；5＝农机推广站；6＝自家（有机肥选此项）；7＝其他（＿＿＿＿＿）。

施肥方式：1＝撒施；2＝穴施；3＝条施；4＝水肥喷施；5＝其他（＿＿＿＿＿）。

B8　是否机耕＿＿＿（1＝是；0＝否），若是，机械来自＿＿＿（1＝自有；2＝租用），是否实施了测土配方＿＿＿（1＝是；0＝否）。

B9　主要品种农药使用情况：施药共＿＿＿次，农药成本共计＿＿＿元。

施药次序	施药时期	用工量	雇工费	农药1					农药2				
				农药名称	施药方式	用药依据	施药量	收获前几天停药	化肥名称	施肥方式	来源	施用量	收获前几天停药
说明	备注	工日	元	备注	备注	备注	自填	天	备注	备注	备注	自填	天
标码	G1	G2	G3	G4	G5	G6	G7	G8	G9	G10	G11	G12	G13
1													

施药次序	施药时期	用工量	雇工费	农药1					农药2				
				农药名称	施药方式	用药依据	施药量	收获前几天停药	化肥名称	施肥方式	来源	施用量	收获前几天停药
2													
3													
4													
5													

备注：施药时期：1＝本田期；2＝幼苗期；3＝增长期；4＝开花期；5＝挂果期（结实期）；6＝其他（　　　　　）

施药方式：1＝机械喷药；2＝人工施用；3＝其他（　　　　　）

用药依据（包括时间、药量、种类等）：1＝以往经验；2＝他人影响；3＝农资经销商处推荐；4＝农技员或专家建议；5＝根据作物病虫草害发生情况；6＝其他（　　　　　）

农药名称：（或根据访谈实际情况填写具体名称即可）

a 杀虫剂/杀螨剂：a1＝吡虫林；a2＝啶虫脒；a3＝毒死蝉（乐斯本）；a4＝辛硫磷；a5＝高效氯氰菊酯；a6＝甲氰菊酯（灭扫利）；a7＝哒螨灵；a8＝螨死净；a9＝阿维菌素；a10＝灭幼脲；a11＝除虫脲；a12＝虫酰肼（米满）；a13＝苦参碱；a14＝苏云金杆菌；a15＝石硫合剂；a16＝其他（　　　　　）

b 杀菌剂：b1＝波尔多液；b2＝氢氧化铜；b3＝硫悬浮剂；b4＝代森锌；b5＝代森锰锌（大生 M-45、必得利、太盛）；b6＝代森铵；b7＝福美双；b8＝多菌灵；b9＝甲基硫菌灵（甲基托布津）；b10＝乙磷铝（疫霜灵）；b11＝腈菌唑（信生）；b12＝烯唑醇（特谱唑）；b13＝腐霉利（速克灵）；b14＝多抗霉素（宝丽安）；b15＝农抗 120；b16＝农用链霉素；b17＝其他（　　　　　）

c 除草剂：c1＝氟磺胺草醚（虎威）；c2＝乙氧氟草醚（果儿）；c3＝精吡氟禾草灵（精稳杀得）；c4＝扑草净；c5＝莠去津；c6＝烯禾啶；c7＝百草枯；c8＝除草灵；c9＝其他（　　　　　）

d 生长调节剂：d1＝赤霉素；d2＝乙烯利；d3＝硫酸钾；d4＝磷酸二氢钾；d5＝萘乙酸；d6＝6-苄基氨基嘌呤；d7＝甲萘威；d8＝青鲜素；d9＝萘乙酸甲酯；d10＝吲哚乙酸；d11＝矮壮素；d12＝比久；d13＝多效唑；d14＝防落素；d15＝其他（　　　　　）

B10　是否使用下列农药，请在使用农药前□中打"√"。

□六六六　□滴滴涕　□毒杀芬　□二溴氯丙烷　□杀虫脒

□二溴乙烷　□除草醚　□百草枯水剂　□狄氏剂

□胺苯磺隆复配制剂　□甲拌磷　□甲基异柳磷　□内吸磷

□克百威　□毒死蜱　□三唑磷　□涕灭威　□灭线磷

□硫环磷　□氯唑磷　□水胺硫磷　□灭多威　□硫丹

□溴甲烷　□氧乐果　□杀扑磷　□敌枯双　□氟乙酰胺

□甘氟　□毒鼠强　□氟乙酸钠　□毒鼠硅　□甲胺磷

□甲基对硫磷　□对硫磷　□久效磷　□磷胺　□苯线磷

□地虫硫磷　□甲基硫环磷　□磷化钙　□磷化镁

□磷化锌　□硫线磷　□蝇毒磷　□治螟磷　□特丁硫磷

□氯磺隆　□福美肿　□福美甲肿　□胺苯磺隆单剂

□甲磺隆单剂

B11　劳动力投入情况：整地/耕地_____工日，播种_____工日，施肥_____工日，病虫害防治/打药_____工日，日常管理_____工日，采收_____工日。本地工价_____元/天。（注：一天 8 小时算一个工日）。

B12　种植品种是否秸秆还田_____（1＝是；0＝否），若是，则还田方式_____（1＝焚烧还田；2＝直接还田；3＝堆沤还田；4＝其他（_____））。

B13　主要品种种植地块是否有良好的灌溉水源_____（1＝极度匮乏；2＝供给紧张；3＝天旱时供给紧张；4＝较为宽裕；5＝供给充足），种植地块地势_____（1＝平坦；2＝低洼；3＝较平坦）。

B14　农产品商品化率：

种植品种	销售占比（%）	销售渠道结构及占比（%）								销售去向
		商贩	农贸市场	合作社收购	批发市场	商场超市	企业收购	电商渠道	其他渠道	

注：销售去向：1＝省内　2＝省外　3＝国外。

B15　与收购商是否签订购销合同____（1＝是；0＝否）。与农资供应商合作是否稳定____（1＝是；0＝否）。

B16　您种植技术来源＿＿＿＿（1＝合作社；2＝龙头企业；3＝家庭农场；4＝专业大户；5＝企业基地农户；6＝政府；7＝科研机构），上年度参加过农产品安全生产技术培训次数＿＿＿＿＿次。技术人员主要来自＿＿＿＿＿＿（1＝农业科技部门；2＝大学或农业科研院所；3＝企业；4＝其他（＿＿＿＿＿＿））；您参加免费培训的次数有＿＿＿＿＿＿次，付费培训有＿＿＿＿＿＿次，总花费＿＿＿＿＿元。

B17　您认为农业技术培训对您的生产活动产生影响吗？　＿＿＿＿＿＿

1＝影响非常大　2＝影响大　3＝有一些影响

4＝几乎没有什么影响　5＝完全没影响

B18　是否对生产过程进行记录？＿＿＿＿（1＝是；0＝否），是否建立有农产品可追溯系统＿＿＿＿（1＝是；0＝否）。农产品检测频率＿＿＿（1＝从不检测；2＝偶尔检测；3＝经常检测），检测结果是否登记造册＿＿＿＿（1＝是；2＝否）。

B19　您了解农药会残留吗？＿＿＿＿（1＝非常了解；2＝比较了解；3＝了解；4＝或多或少有所了解；5＝没听说过）；是否按剂量使用农药＿＿＿＿（1＝是；0＝否）；农药使用是否会考虑安全间隔期＿＿＿（1＝是；0＝否）。政府对农残是否有宣传＿＿＿＿（1＝有；2＝无）。在配药和施药时是否采取防护措施＿＿＿＿（1＝是；0＝否）。

B20　农药补贴应按哪种方式补＿＿＿＿＿＿。

1＝按种植面积补贴　2＝补贴到价　3＝按购买量补贴

4＝免费发放一定品种和数量农药

B21　您认为目前农业补贴力度如何＿＿＿＿＿＿。

1＝没有　2＝较小　3＝一般　4＝较大　5＝很大

B22　您认为化肥对环境是否有污染＿＿＿＿＿＿。

1＝有严重污染　2＝有较大污染　3＝有较轻污染　4＝无污染

5＝不清楚

B23　您是怎样处理农膜？＿＿＿＿＿＿（1＝回收再利用；2＝丢弃；3＝焚烧）

B24　您是怎么处理秸秆？＿＿＿＿＿＿（1＝焚烧；2＝丢弃；3＝秸秆还田；4＝生产沼气）

B25 您采用何种方式灌溉？_____（1＝大水漫灌；2＝引水灌溉；3＝井灌；4＝喷灌；5＝微灌或滴灌）

B26 您是否了解农产品安全认证：无公害_____，绿色_____，有机_____；您是否清楚您种植的主要品种的无公害生产规程_____，是否清楚绿色生产规程_____，是否清楚有机农产品生产规程_____。

1＝非常熟悉　2＝比较熟悉　3＝一般　4＝了解一点

5＝不熟悉

B27 你是否知道国家相关的环境保护政策？

1＝非常了解　2＝比较了解　3＝一般　4＝仅仅听过

5＝没有听过

B28 您是通过什么途径了解农产品安全生产信息？（可多选）

1＝政府宣传　2＝电视　3＝广播　4＝亲戚朋友　5＝网络

6＝其他

B29 您认为无公害农产品应该比普通农产品价格应高多少_____

1＝基本持平　2＝1%—10%　3＝10%—20%　4＝20%

5＝20%—30%　6＝30%以上

B30 当无公害农产品价格高于普通农产品价格_____时，会选择转向无公害种植生产。

1＝0—10%　2＝10%—20%　3＝20%—30%　4＝30%—40%

5＝40%—50%　6＝50%以上

B31 农产品种植技术受到同行影响程度_____

1＝影响很大　2＝影响较大　3＝一般　4＝影响较弱

5＝没影响

B32 您是否了解农产品可追溯系统_____

1＝非常了解　2＝比较了解　3＝一般　4＝了解一点

5＝不了解

B33 您是否愿意使用生物农药来代替化学农药_____

1＝非常愿意　2＝比较愿意　3＝一般　4＝可以尝试

5＝不愿意

B34 您是否愿意使用有机肥代替化肥_____

1＝非常愿意　2＝比较愿意　3＝一般　4＝可以尝试

5＝不愿意

B35 若增加安全生产技术补贴，您是否愿意使用安全技术_____

1＝非常愿意　2＝比较愿意　3＝一般　4＝可以尝试

5＝不愿意

B36 限制您种植无公害农产品的因素包括_____

1＝认证困难　2＝资金约束　3＝技术困难　4＝市场风险

5＝土地有限　6＝地理条件　7＝检测不便　8＝政策支持偏少

9＝其他_____

B37 在您种植农产品的过程中您是否会雇用劳动力？_____（1＝是；0＝否）；雇佣劳动力的情况如何？_____（1＝极度匮乏；2＝供给紧张；3＝农忙时供给紧张；4＝较为宽裕；5＝供给充足）；如您外出务工经商，是否会请人帮忙经营土地？_____（1＝是；0＝否）。

[社区状况]

C1 村（社区）距离最近农贸市场距离_____千米，往返车费_____元（或油费），种植地距离最近的农贸市场距离_____千米，往返车费_____元（或油费）。

C2 村（社区）是否设立政府认证过的农资供应商_____（1＝是；0＝否），是否有农业安全技术服务点_____（1＝是；0＝否）。

C3 村（社区）若有农业安全技术服务点，提供最主要的农业服务是_____

1＝农业安全种植技术　2＝病虫害防控　3＝农产品质量监督

4＝农业信息服务

5＝提供机械化喷药技术　6＝其他_____

若没有，则最需要哪项服务_____

1＝农业安全种植技术　2＝病虫害防控　3＝农产品质量监督

4＝农业信息服务

5 = 提供机械化喷药技术　6 = 其他_____

C4 村（社区）中无公害农产品种植户数_____户，种植规模_____，认证品种数_____。

C5 村（社区）是否有工业企业_____（1 = 是；0 = 否），若有，家数_____家，村（社区）土壤是否经过测土配方_____（1 = 是；0 = 否），水质是否受到污染_____（1 = 是；0 = 否）。

C6 村中大姓占比_____%，村中新型职业农民占比_____%。

参考文献

安海燕、洪名勇：《四种农业生产经营组织的生产效率差异分析——基于贵州茶叶生产的投入产出数据》，《山地农业生物学报》2014 年第 1 期。

白慧等：《气候变化对农作物病虫害发生发展趋势的影响》，《贵州农业科学》2009 年第 5 期。

卜范达、韩喜平：《农户经营内涵探析》，《当代经济研究》2003年第 9 期。

才国伟、刘剑雄：《收入风险、融资约束与人力资本积累——公共教育投资的作用》，《经济研究》2014 年第 7 期。

蔡昉、王美艳：《从穷人经济到规模经济——发展阶段变化对中国农业提出的挑战》，《经济研究》2016 年第 5 期。

蔡键：《风险偏好、外部信息失效与农药暴露行为》，《中国人口·资源与环境》2014 年第 9 期。

蔡书凯、李靖：《水稻农药施用强度及其影响因素研究——基于粮食主产区农户调研数据》，《中国农业科学》2011 年第 11 期。

蔡颖萍、杜志：《家庭农场生产行为的生态自觉性及其影响因素分析——基于全国家庭农产监测数据的实证检验》，《中国农村经济》2016 年第 12 期。

蔡运龙等：《区域最小人均耕地面积与耕地资源调控》，《地理学报》2002 年第 2 期。

陈汇才：《基于信息不对称视角的农产品质量安全探析》，《生态经济》2011 年第 11 期。

陈建梅：《农业生产资料投入对粮食作物产出影响因素的相关验

证分析》，《经济研究导刊》2009 年第 61 期。

陈梅、茅宁：《不确定性、质量安全与使用农产品战略性原料投资治理模式选择——基于中国乳制品企业的调查研究》，《管理世界》2015 年第 6 期。

陈诗波：《循环农业产出效益及其影响因素分析——基于结构方程模型与湖北省农户调研实证》，《农业技术经济》2009 年第 5 期。

陈思羽、李尚蒲：《农户生产环节外包的影响因素——基于威廉姆森分析范式的实证研究》，《南方经济》2014 年第 12 期。

陈印军等：《中国耕地资源与粮食增产潜力分析》，《中国农业科学》2016 年第 6 期。

陈佑启、唐华俊：《我国农户土地利用行为可持续的影响因素分析》，《中国软科学》1998 年第 9 期。

储成兵、李平：《农户环境友好型农业生产行为研究——以使用环保农药为例》，《统计与信息论坛》2013 年第 3 期。

丛原：《造成农产品质量安全问题的四大污染源》，《农产品加工》2004 年第 6 期。

代云云：《我国蔬菜质量安全管理现状与调控对策分析》，《中国人口·资源与环境》2013 年第 11 期。

邓衡山、王文灿：《合作社的本质规定与现实检视——中国到底有没有真正的农民合作社？》，《中国农村经济》2014 年第 7 期。

邓衡山等：《真正的农民专业合作社为何在中国难寻？——一个框架性解释与经验事实》，《中国农村观察》2016 年第 4 期。

董庆利等：《上海市蔬菜中农药使用及残留情况调研分析》，《上海农业科技》2009 年第 1 期。

董晓波、常向阳：《替代交易费用、资产专用性与农业自我实施合约》，《科研管理》2016 年第 11 期。

樊祥成：《农业内卷化辨析》，《经济问题》2017 年第 8 期。

冯璐等：《不同种植结构条件下的农户利润风险分析——基于云南南部边境山区农户的调查》，《农业现代化研究》2017 年第 1 期。

冯启磊等：《中国农业产出水平的影响因素分析》，《安徽师范大学学报》（自然科学版）2010 年第 3 期。

冯探、王朋朋：《我国农药施用效率的区域差异及其影响因素》，《贵州农业科学》2016 年第 3 期。

冯志明等：《中国耕地资源数量变化的趋势分析与数据重建》，《自然资源学报》2005 年第 1 期。

冯忠泽、李庆江：《农户农产品质量安全认知及影响因素分析》，《农业经济问题》2007 年第 4 期。

符加林：《声誉效应应对联盟伙伴道德风险行为约束的博弈分析》，《华东经济管理》2010 年第 4 期。

符淼：《地理距离和技术外溢效应——对技术和经济集聚现象的空间计量学解释》，《经济学（季刊）》2009 年第 4 期。

傅超等：《"同伴效应"影响了企业的并购商誉吗？——基于我国创业板高溢价并购的经验证据》，《中国软科学》2015 年第 11 期。

高鸣、宋洪远：《粮食生产技术效率的空间收敛及功能区差异——兼论技术扩散的空间涟漪效应》，《管理世界》2014 年第 7 期。

高锁平、裴红罗：《农民专业合作社控制农产品质量安全的经验及启示——以河南省郏县前王庄出口蔬菜基地合作社为例》，《经济师》2009 年第 11 期。

耿宇宁等：《政府推广与供应链组织对农户生物防治技术采纳行为的影响》，《西北农林科技大学学报》（社会科学版）2017 年第 1 期。

龚琦、王雅鹏：《我国农用化肥施用的影响因素——基于省际面板数据的实证分析》，《生态经济》2011 年第 2 期。

顾晓君等：《安全型农业初探——基于马斯洛需求理论视角》，《中国农学通报》2010 年第 14 期。

郭锦墉等：《影响农户合作履约行为因素的理论与实证分析——以江西省农户调查数据为例》，《中国软科学》2007 年第 9 期。

郭利京、赵瑾：《认知冲突视角下农户生物农药施用意愿研究——基于江苏 639 户稻农的实证》，《南京农业大学学报》（社会科学版）2017 年第 2 期。

郭亮：《订单交易成本、关系信任对农户履约行为的影响——以山东省 286 户果农调查数据为例》，《华中农业大学学报》（社会科学版）2015 年第 4 期。

郭晓明等：《订单农业运行机制的经济学分析》，《农业经济问题》2006 年第 11 期。

韩朝华：《个体农户和农业规模化经营：家庭农场理论评述》，《经济研究》2017 年第 7 期。

韩占兵：《我国城镇消费者有机农产品消费行为分析》，《商业研究》2013 年第 8 期。

郝朝晖：《农业产业化龙头企业与农户的利益机制问题探析》，《农村经济》2004 年第 7 期。

郝利等：《农产品质量安全农户认知分析》，《农业技术经济》2008 年第 6 期。

贺梅英、庄丽娟：《市场需求对农户技术采用行为的诱导：来自荔枝主产区的证据》，《中国农村经济》2014 年第 2 期。

赫伯特·西蒙：《现代决策理论的基石》，北京经济学院出版社 1989 年版。

侯博、应瑞瑶：《分散农户农药残留认知的省际比较研究》，《统计与信息论坛》2014 年第 2 期。

侯建昀、刘军弟：《交易成本对农户市场化行为影响研究》，《农业技术经济》2014 年第 8 期。

侯建昀等：《区域异质性视角下农户农药施用行为研究——基于非线性面板数据的实证分析》，《华中农业大学学报》（社会科学版）2014 年第 4 期。

胡初枝、黄贤金：《农户土地经营规模对农业生产绩效的影响分析——基于江苏省铜山县的分析》，《农业技术经济》2007 年第 6 期。

胡定寰：《农产品二元结构论——论超市发展对农业和食品安全的影响》，《中国农村经济》2005 年第 2 期。

华红娟、常向阳：《供应链模式对农户食品质量安全生产行为的影响研究——基于江苏省葡萄主产区的调查》，《农业技术经济》2011

年第 9 期。

黄炳坤：《信息不对称的负面影响、产生原因及治理办法》，《情报资料工作》2002 年第 6 期。

黄季焜、冀县卿：《农地使用权确权与农户对农地的长期投资》，《管理世界》2012 年第 9 期。

黄季焜等：《技术信息知识、风险偏好与农民施用农药》，《管理世界》2008 年第 5 期。

黄树梁、王海蓉：《余姚市 2010 年市售蔬菜农药残留检测结果分析》，《浙江预防医学》2011 年第 6 期。

黄祖辉、王祖锁：《从不完全契约看农业产业化经营的组织方式》，《农业经济问题》2002 年第 3 期。

黄祖辉等：《不同政策对农户农药施用行为的影响》，《中国人口·资源与环境》2016 年第 8 期。

黄祖辉等：《交易费用与农户契约选择》，《管理世界》2008 年第 9 期。

纪月清等：《统防统治：农户兼业与农药施用》，《南京农业大学学报》（社会科学版）2015 年第 6 期。

冀县卿、钱忠好：《改革 30 年中国农地产权结构变迁：产权视角分析》，《南京社会科学》2010 年第 10 期。

贾雪莉等：《蔬菜种植户农药使用行为研究——以河北省为例》，《林业经济问题》2011 年第 3 期。

江激宇等：《农户蔬菜质量安全控制意愿的影响因素分析——基于河北省藁城市 151 份农户的调查》，《农业技术经济》2012 年第 5 期。

姜健等：《菜农过量施用农药行为分析——以辽宁省蔬菜种植户为例》，《农业技术经济》2017 年第 11 期。

姜健等：《信息能力对菜农施药行为转变的影响研究》，《农业技术经济》2016 年第 12 期。

蒋雪等：《农产品/食品中农药残留快速检测方法研究进展》，《农业工程学报》2016 年第 20 期。

金党琴：《扬州市蔬菜农药残留调查》，《江苏农业科学》2011 年第 4 期。

亢霞、刘秀梅：《我国粮食生产的技术效率分析——基于随机前沿分析方法》，《中国农村观察》2005 年第 4 期。

李长健、江晓华：《行政法视野下的我国食品监管问题研究》，《西华大学学报》2006 年第 3 期。

李功奎、应瑞瑶：《"柠檬市场"与制度安排——一个关于农产品质量安全保障的分析框架》，《农业技术经济》2004 年第 3 期。

李昊等：《农药施用技术培训减少农药过量施用了吗?》，《中国农村经济》2017 年第 10 期。

李红梅等：《农户安全施用农药的意愿及其影响因素研究——对四川省广汉市 214 户农户的调查与分析》，《农业技术经济》2007 年第 5 期。

李景睿：《收入差距、本土市场需求与出口产品质量升级——基于跨国数据的传导机制比较与优化方向选择》，《产业经济研究》2017 年第 1 期。

李静、陈永杰：《匿名食品市场交易的政府监管机制——现代食品市场的信息披露制度设计》，《中山大学学报》（社会科学版）2013 年第 3 期。

李俊鹏等：《粮食生产技术效率增长路径识别：直接影响与溢出效应》，《华中农业大学学报》（社会科学版）2018 年第 1 期。

李宁等：《农地产权结构、生产要素绩效与农业绩效》，《管理世界》2017 年第 3 期。

李青原等：《产品市场竞争、资产专用性与公司资本结构——来自中国制造业股份有限公司的经验证据》，《金融研究》2007 年第 4 期。

李琼、朱延福：《基于需求层次理论的公共产品供给》，《经济导刊》2011 年第 7 期。

李少华、樊荣：《农业生产要素视阈下农业专业合作社的发展问题——以山西省晋中市为例》，《福建论坛》（人文社会科学版）2012

年第 12 期。

李太平：《食品中农药最大残留量标准的安全风险研究》，《农业技术经济》2011 年第 3 期。

李太平等：《食品中农药最大残留限量新国标的安全风险分析》，《风险管理》2014 年第 5 期。

李卫等：《保护性耕作技术、种植制度与土地生产率——来自黄土高原农户的证据》，《资源科学》2017 年第 7 期。

李晓亮等：《土壤环境因素对残留农药降解的影响》，《东北农业大学学报》2009 年第 4 期。

李晓婷等：《果蔬农药残留快速检测方法研究进展》，《农业工程学报》2011 年第 12 期。

李效顺等：《基于粮食安全视角的中国耕地资源盈亏测算》，《资源科学》2014 年第 10 期。

李燕等：《农业基础设施对农业产出的影响及其区域差异——基于 2004—2013 年中国 232 个地级市的分析》，《广东财经大学学报》2017 年第 6 期。

李永友：《房价上涨的需求驱动和涟漪效应——兼论我国房价问题的应对策略》，《经济学》（季刊）2014 年第 2 期。

李勇等：《安全农产品市场信息不对称及政府干预》，《农业经济问题》2004 年第 3 期。

李瑜：《中国农户经营组织化研究》，中国社会科学出版社 2008 年版。

李岳云等：《不同经营规模农户经营行为的研究》，《中国农村观察》1999 年第 4 期。

廖媛红：《农业技术应用效果及其影响因素分析——以北京地区为例》，《软科学》2014 年第 6 期。

刘朝阳、李秀敏：《交易成本的定义、分类与测量研究——基于 2004—2013 年中国总量交易成本的经验证据》，《经济问题探索》2017 年第 6 期。

刘华、李璞君：《高质量农产品市场需求为何难以满足？——来自南京的实证调查》，《宏观质量研究》2014 年第 4 期。

刘辉：《食品中残留有机磷农药分析方法研究》，《安徽农业科学》2008 年第 16 期。

刘任重：《食品安全规制的重复博弈分析》，《中国软科学》2011 年第 9 期。

刘腾飞等：《茶叶质量安全主要化学影响因素分析方法进展》，《食品科学》2017 年第 6 期。

刘维奇、韩媛媛：《城镇化与农业技术变迁的互动机制——基于中国数据的理论与经验研究》，《经济理论与经济管理》2014 年第 1 期。

刘小峰等：《不同供需关系下的食品安全与政府监管策略分析》，《中国管理科学》2010 年第 2 期。

刘峥：《组织化管理、技术性贸易壁垒与农产品质量安全——基于浙江临海西兰花产业的分析》，《财贸研究》2011 年第 3 期。

刘志东、姜玲：《基于贝叶斯参数估计的期货市场交易成本、流动性与资产定价研究》，《管理科学》2017 年第 1 期。

刘志铭、申建博：《交易费用的测度：理论的发展及应用》，《财贸经济》2006 年第 10 期。

娄博杰等：《农户高毒农药施用行为影响因素分析——以东部六省调研数据为例》，《农村经济》2014 年第 7 期。

鲁礼新：《贵州沙坡农户行为与环境变迁——人地关系的微观研究》，黄河水利出版社 2006 年版。

陆彩明：《经济发达地区农户对轻型农业技术采用的实证研究——以南通如皋为例》，硕士学位论文，中国农业大学，2004 年，第 16 页。

吕志轩：《质量安全背景下农业龙头企业对合同关系的选择问题——约束条件、治理机制及其绩效分析》，《山西财经大学学报》2009 年第 2 期。

罗必良、文晓巍：《经济转型、制度变迁与农村经济发展——中国农村经济发展高层论坛综述》，《经济研究》2011 年第 10 期。

罗炽增：《川南蔬菜农药残留污染现状、原因分析及对策》，《农业环境与发展》2008年第6期。

罗发友：《农业产出水平及其影响因素的相关分析》，《科技进步与对策》2002年第3期。

麻丽平、霍学喜：《农户农药认知与农药施用行为调查研究》，《西北农林科技大学学报》（社会科学版）2015年第5期。

马骥、秦富：《消费者对安全农产品认知能力及其影响因素——基于北京市城镇消费者有机农产品消费行为的实证分析》，《中国农村经济》2009年第5期。

马贤磊：《农地产权安全性对农业绩效影响：投资激励效应和资源配置效应——来自丘陵地区三个村庄的初步证据》，《南京农业大学学报》（社会科学版）2010年第4期。

毛飞、孔祥智：《农户安全农药选配行为的影响因素分析——基于陕西5个苹果主产县的调查》，《农业技术经济》2011年第5期。

米建伟等：《风险规避与中国棉农的农药施用行为》，《中国农村经济》2012年第7期。

米运生、郑秀娟、李宇豪：《专用性资产、声誉效应与农村互联性贷款的自我履约》，《经济科学》2017年第5期。

穆怀中、张文晓：《中国耕地资源人口生存系数研究》，《人口研究》2014年第3期。

倪国华、蔡昉：《农户究竟需要多大的农地经营规模？——农地经营规模决策图谱研究》，《经济研究》2015年第3期。

倪学志：《我国农业"三品"认证制度的发展困境及对策》，《经济纵横》2016年第3期。

聂辉华：《最优农业契约与中国农业产业化模式》，《经济学》（季刊）2013年第1期。

聂文静、李太平：《中国贸易产业的经济距离及比较优势分析》，《国际贸易问题》2015年第10期。

牛贺：《有限理性、规范内化与利他行为：一个演化视角》，《经济研究》2017年第10期。

欧阳峣等：《居民消费的规模效应及其演变机制》，《经济研究》2016 年第 2 期。

潘劲：《中国农民专业合作社：数据背后的解读》，《中国农村观察》2011 年第 6 期。

潘文卿：《中国的区域关联与经济增长的空间溢出效应》，《经济研究》2012 年第 1 期。

彭建仿、杨爽：《共生视角下农户安全农产品生产行为选择——基于 407 个农户的实证分析》，《中国农村经济》2011 年第 12 期。

彭建仿等：《供应链环境下龙头企业共生合作行为选择的影响因素分析——基于 105 个龙头企业安全农产品生产的实证研究》，《复旦学报》（社会科学版）2012 年第 3 期。

彭军等：《羊群行为视角下农户生产的"一家两制"分析——基于山东 784 份农户调查数据》，《湖南农业大学学报》（社会科学版）2017 年第 2 期。

秦富等：《欧美食品安全体系研究》，中国农业出版社 2003 年版。

任建超、韩青、乔娟：《影响消费者安全认证食品购买行为的因素分析——基于结构方程建模的实证研究》，《消费经济》2013 年第 3 期。

任重、薛兴利：《粮农无公害农药使用意愿及其影响因素分析——基于 609 户种粮户的实证研究》，《干旱区资源与环境》2016 年第 7 期。

戎素云、郭广辉：《食品安全事件的经济学解读及其制度改进启示——对"草莓农药残留超标"事件的分析》，《河北经贸大学学报》2017 年第 1 期。

宋金田、祁春节：《农户农业技术需求影响因素分析——基于契约视角》，《中国农村观察》2013 年第 6 期。

宋军等：《农民的农业技术选择行为分析》，《农业技术经济》1998 年第 6 期。

宋宪伟、童香英：《交易成本的一个新定义》，《江淮论坛》2011 年第 1 期。

苏昕、王可山：《民合作组织：破解农产品质量安全困境的现实路径民合作组织：破解农产品质量安全困境的现实路径》，《宏观经济研究》2013 年第 2 期。

孙庆珍、郑祥华：《农业产业化经营在食品安全中的作用——以山东苹果生产为例》，《农业科学研究》2008 年第 3 期。

谭华风等：《种植规模对蔬菜质量安全的影响》，《华南农业大学学报》（社会科学版）2011 年第 4 期。

唐博文等：《农户采用不同属性技术的影响因素分析——基于 9 省（区）2110 户农户的调查》，《中国农村经济》2010 年第 6 期。

唐浩：《农户与市场之间的契约联接方式研究——交易费用经济学理论框架的应用与完善》，《经济经纬》2011 年第 3 期。

唐学玉等：《安全农产品消费动机、消费意愿与消费行为研究——基于南京市消费者的调查数据》，《软科学》2010 年第 11 期。

唐志鹏等：《区域产业关联经济距离模型的构建及实证分析》，《管理科学学报》2013 年第 6 期。

田传浩、方丽：《土地调整与农地租赁市场：基于数量和质量的双重视角》，《经济研究》2013 年第 2 期。

田云等：《农户农业低碳生产行为及其影响因素分析——以化肥施用和农药使用为例》，《中国农村观察》2015 年第 4 期。

汪爱娥、包玉泽：《农业产业组织与绩效综述》，《华中农业大学学报》（社会科学版）2014 年第 4 期。

汪小平：《中国农业劳动生产率增长的特点与路径分析》，《数量经济技术经济研究》2007 年第 4 期。

汪志强、冷原：《农户参与农民专业合作社行为影响因素研究——以日照市为例》，《中国农业资源与区划》2012 年第 3 期。

王策、周博：《房价上涨、涟漪效应与预防性储蓄》，《经济学动态》2016 年第 8 期。

王常伟、顾海英：《逆向选择、信号发送与我国绿色食品认证机制的效果分析》，《软科学》2012 年第 10 期。

王常伟、顾海英：《市场 VS 政府——什么力量影响了我国菜农农药用量的选择?》，《管理世界》2013 年第 11 期。

王承国等：《城乡消费者农产品质量安全感知及消费意愿差异研究——基于山东省的调查》，《山东农业科学》2017 年第 9 期。

王德建：《资产专用性、沉没投资与治理结构分析——基于交易成本与企业能力的观点》，《山东大学学报》（哲学社会科学版）2008 年第 2 期。

王洪丽、杨印生：《农产品质量与小农户生产行为——基于吉林省 293 户稻农的实证分析》，《社会科学战线》2016 年第 6 期。

王华书、徐翔：《微观行为与农产品安全——对农业生产与居民消费的分析》，《南京农业大学学报》（社会科学版）2004 年第 1 期。

王建华等：《从监管到治理：政府在农产品安全监管中的职能转换》，《南京农业大学学报》（社会科学版）2016 年第 4 期。

王建华等：《基于贝叶斯网络的农业生产者农药施用行为风险评估》，《经济评论》2016 年第 1 期。

王建华等：《农产品安全风险防治中政府行为选择及其路径优化——以农产品生产过程中的农药施用为例》，《中国农村经济》2015 年第 11 期。

王建华等：《农产品安全生产：农户农药施用知识与技能培训》，《中国人口·资源与环境》2014 年第 4 期。

王建华等：《农户规范施药行为的传导路径及影响因素》，《西北农林科技大学学报》（社会科学版）2016 年第 4 期。

王建华等：《意向选择、行为表达与农产品质量安全——基于 Fishbein 模型和结构方程模型的农户施药行为研究》，《软科学》2016 年第 10 期。

王庆：《市场与政府双重失灵：农产品质量安全问题的成因分析》，《生态经济》2011 年第 11 期。

王庆、柯珍堂：《农民合作经济组织的发展与农产品质量安全》，《湖北社会科学》2010 年第 8 期。

王仁强等：《蔬菜安全生产经营组织模式研究》，《山东农业大学学报》（社会科学版）2011 年第 3 期。

王书斌等：《逃离"北上广深"背景下一线城市房价涟漪效应研究》，《系统工程理论与实践》2017年第2期。

王兴元、朱强：《原产地品牌塑造及治理博弈模型分析——公共品牌效应视角》，《经济管理》2017年第8期。

王绪龙、周静：《信息能力、认知与菜农使用农药行为转变——基于山东省菜农数据的实证检验》，《农业技术经济》2016年第5期。

王永强、解强：《消费者对生鲜果蔬农药残留风险感知研究》，《大连理工大学学报》（社会科学版）2017年第2期。

王永强、朱玉春：《启发式偏向、认知与农民不安全农药购买决策——以苹果种植户为例》，《农业技术经济》2012年第7期。

王瑜、应瑞瑶：《契约选择和生产者质量控制行为研究》，《经济问题》2007年第9期。

王玉环、徐恩波：《论政府在农产品质量安全供给中的职能》，《农业经济问题》2005年第3期。

王志刚、李腾飞：《蔬菜出口产地农户对食品安全规制的认知及其农药决策行为研究》，《中国人口·资源与环境》2012年第2期。

王志刚等：《农户对生物农药的支付意愿：对山东省莱阳、莱州和安丘三市的问卷调查》，《中国人口·资源与环境》2012年第5期。

王志刚等：《蔬菜出口产地农药价格的决定机制研究》，《中国人口·资源与环境》2012年第11期。

魏欣、李世平：《蔬菜种植户农药使用行为及其影响因素研究》，《统计与决策》2012年第24期。

温铁军：《农民专业合作社发展的困境与出路》，《湖南农业大学学报》（社会科学版）2013年第8期。

吴林海等：《基于结构方程模型的分散农户农药残留认知与主要影响因素分析》，《中国农村经济》2011年第3期。

吴群等：《经济增长与耕地资源数量变化：国际比较及其启示》，《资源科学》2006年第4期。

吴伟伟、刘耀彬：《非农收入对农业要素投入结构的影响研究》，《中国人口科学》2017年第2期。

伍小红等：《农药残留对食品安全的影响及对策》，《食品与发酵工业》2005 年第 6 期。

武文涵、孙学安：《把握食品安全全程控制起点——从农药残留视角看我国食品安全》，《食品科学》2010 年第 19 期。

夏英、宋伯生：《食品安全保障：从质量标准体系到供应链综合管理》，《农业经济问题》2001 年第 11 期。

向涛、綦勇：《粮食安全、食品安全与贸易——基于农药使用强度的跨国面板数据分析》，《国际贸易问题》2014 年第 7 期。

项桂娥、陈阿兴：《资产专用性与农业结构调整风险规避》，《农业经济问题》2005 年第 3 期。

肖锐、陈池波：《财政支持能提升农业绿色生产率吗？——基于农业化学品投入的实证分析》，《中南财经政法大学学报》2017 年第 1 期。

肖文韬：《交易封闭性、资产专用性与农村土地流转》，《学术月刊》2004 年第 4 期。

谢敏、于永达：《对中国食品安全问题的分析》，《上海经济研究》2002 年第 1 期。

邢美华等：《未参与循环农业农户的环保认知及其影响因素分析——基于晋、鄂两省的调查》，《中国农村经济》2009 年第 4 期。

邢新丽等：《地形和季节变化对有机氯农药分布特征的影响——以四川省成都经济区为例》，《长江流域资源与环境》2009 年第 10 期。

熊鹰等：《中国水稻种植户风险偏好：理论模型与定量测算》，《中国农学通报》2018 年第 8 期。

徐立成等：《"一家两制"：食品安全威胁下的社会自我保护》，《中国农村经济》2013 年第 5 期。

徐晓鹏：《农户农药施用行为变迁的社会性考察——基于我国 6 省 6 村的实证研究》，《中国农业大学学报》（社会科学版）2017 年第 1 期。

徐玉婷、杨钢桥：《不同类型农户农地投入的影响因素》，《中国人口·资源与环境》2011 年第 3 期。

许庆等：《规模经济、规模报酬与农业适度规模经营——基于我国粮食生产的实证研究》，《经济研究》2011 年第 3 期。

薛彩霞、姚顺波：《地理标志使用对农户生产行为影响分析：来自黄果柑种植农户的调查》，《中国农村经济》2016 年第 7 期。

薛娇贤：《黄渤海地区影响农业产出因素的分析——基于 Panel Data 模型》，《科技与产业》2016 年第 10 期。

薛岩龙等：《组织形式、信息不对称与"一家两制"——基于农户蔬菜采摘行为的抽样调查》，《经济经纬》2015 年第 5 期。

颜海娜、聂勇浩：《制度选择的逻辑——我国食品安全监管体制的演变》，《公共管理学报》2009 年第 3 期。

颜振敏等：《农药残留对食品安全的影响及其控制措施》，《湖南农业科学》2009 年第 3 期。

杨江龙：《不同种植方式蔬菜中农药残留的差异及污染控制研究》，《环境污染与防治》2014 年第 9 期。

杨钧：《新型城镇化与农业规模化和专业化的协调发展——基于 PVAR 方法的讨论》，《财经科学》2017 年第 4 期。

杨峻等：《我国生物源农药产业现状调研及分析》，《中国生物防治学报》2014 年第 4 期。

杨立勋、刘媛媛：《中国农业产业机构调整效果测度及评价》，《统计与决策》2013 年第 23 期。

杨普云等：《云南小规模农户蔬菜种植习惯和病虫防治行为研究》，《植物保护》2007 年第 6 期。

杨益军：《中国三大粮食作物农药使用情况深度分析及问题探讨》，《农药市场信息》2015 年第 30 期。

姚文、祁春节：《交易成本对中国农户鲜茶叶交易中垂直协作模式选择意愿的影响——基于 9 省（区、市）29 县 1394 户农户调查数据的分析》，《中国农村观察》2011 年第 2 期。

叶初升、惠利：《农业财政支出对中国农业绿色生产率的影响》，《武汉大学学报》（哲学社会科学版）2016 年第 3 期。

叶海燕：《中国城市消费者的食品安全需求特征分析——以对武汉市城区消费者的食品安全调查为例》，《生态经济》2014 年第 6 期。

易军等：《食品中农药残留分析的样品处理技术进展》，《化学进展》2002 年第 6 期。

应瑞瑶、徐斌：《农作物病虫害专业化防治服务对农药施用强度的影响》，《中国人口·资源与环境》2017 年第 8 期。

应瑞瑶、朱勇：《农业技术培训方式对农户农业化学投入品使用行为的影响——源自实验经济学的证据》，《中国农村观察》2015 年第 1 期。

苑春荟等：《农民信息质量表编制及其信效度检验》，《情报科学》2014 年第 2 期。

苑鹏：《对公司领办的农民专业合作社的探讨——以北京圣泽林梨专业合作社为例》，《管理世界》2008 年第 7 期。

曾福生、李飞：《农业基础设施对粮食生产的成本节约效应估算——基于似无相关回归方法》，《中国农村经济》2015 年第 6 期。

曾湘泉等：《城镇化、产业结构与农村劳动力转移吸纳效率》，《中国人民大学学报》2013 年第 4 期。

张传统、陆娟：《农产品区域品牌购买意愿影响因素研究》，《软科学》2014 年第 10 期。

张复宏、胡继连：《基于计划行为理论的果农无公害种植行为的作用机理分析——来自山东省 16 个地市（区）苹果种植户的调查》，《农业经济问题》2013 年第 7 期。

张国等：《我国非粮作物的化学农药用量及其温室气体排放估算》，《应用生态学报》2016 年第 9 期。

张俊、王定勇：《蔬菜的农药污染现状及农药残留危害》，《河南预防医学杂志》2004 年第 3 期。

张利国、李学荣：《农户不合理农药施用行为影响因素分析——以江西蔬菜种植户为例》，《江西社会科学》2016 年第 11 期。

张婷等：《交易费用三维度属性作用机理及交易方式选择意愿》，《中国人口·资源与环境》2017 年第 7 期。

张雯丽等:《"十三五"时期我国重要农产品消费趋势、影响与对策》,《农业经济问题》2016年第3期。

张五常:《交易费用的范式》,《社会科学战线》1999年第1期。

张五常:《经济解释:制度的选择(卷四)》,中信出版社2014年版。

张云华等:《农户采用无公害和绿色农药行为的影响因素分析——对山西、陕西和山东15县市的实证分析》,《中国农村经济》2004年第1期。

章力建、朱立志:《我国"农业立体污染"防治对策研究》,《农业经济问题》2005年第2期。

赵登辉、丁振国:《农户经济行为的分析与土地可持续利用》,《中国人口·资源与环境》1998年第4期。

赵放、刘秉镰:《行业间生产率联动对中国工业生产率增长的影响——引入经济距离矩阵的空间GMM估计》,《数量经济技术经济研究》2012年第3期。

赵佳佳等:《风险态度影响苹果安全生产行为吗?——基于苹果主产区的农户实验数据》,《农业技术经济》2017年第4期。

赵建欣、张忠根:《农户安全农产品生产决策影响因素分析》,《统计研究》2007年第11期。

赵连阁、蔡书凯:《农户IPM技术采纳行为影响因素分析——基于安徽省芜湖市的实证》,《农业经济问题》2012年第3期。

赵连阁、蔡书凯:《晚稻种植农户IPM技术采纳的农药成本节约和粮食增产效果分析》,《中国农村经济》2013年第5期。

赵学刚:《统一食品安全监管:国际比较与我国的选择》,《中国行政管理》2009年第3期。

郑风田、胡文静:《从多头监管到一个部门说话:我国食品安全监管体制急待重塑》,《中国行政管理》2005年第12期。

郑风田、赵阳:《我国农产品质量安全问题与对策》,《中国软科学》2003年第2期。

郑少峰:《农产品质量安全:成因、治理途径和研究趋势》,《社会科学家》2016年第5期。

郑永权：《农药残留研究进展与展望》，《植物保护》2013年第5期。

钟文晶、罗必良：《契约期限是怎样确定的？——基于资产专用性维度的实证分析》，《中国农村观察》2014年第4期。

钟义信：《"理解"论：信息内容认知激励的假说》，《北京邮电大学学报》2008年第3期。

钟真、孔祥智：《产业组织模式对农产品质量安全的影响：来自奶业的例证》，《管理世界》2012年第1期。

周峰、徐翔：《无公害蔬菜生产者农药使用行为研究——以南京市为例》，《经济问题》2008年第1期。

周洁红等：《农产品生产主体质量安全多重认证行为研究》，《浙江大学学报》（人文社会科学版）2015年第2期。

周立、方平：《多元理性："一家两制"与食品安全社会自我保护的行为动因》，《中国农业大学学报》（社会科学版）2015年第3期。

周立群、曹利群：《商品契约优于要素契约——以农业产业化经营中的契约选择为例》，《经济研究》2002年第1期。

周霞、邓秀丽：《基于交易频率的农产品交易机制选择研究》，《山东科技大学学报》（社会科学版）2012年第3期。

周小斌、李秉龙：《中国农业信贷对农业产出绩效的实证分析》，《中国农村经济》2003年第6期。

周应恒、彭晓佳：《江苏省城市消费者对食品安全支付意愿的实证研究——以低残留青菜为例》，《经济学（季刊）》2006年第3期。

周应恒等：《消费者对加贴信息可追溯标签牛肉的购买行为分析——基于上海市家乐福超市的调查》，《中国农村经济》2008年第5期。

周玉龙、孙久文：《产业发展从人口集聚中受益了吗？——基于2005—2011年城市面板数据的经验研究》，《中国经济问题》2015年第2期。

朱淀等：《蔬菜种植农户施用生物农药意愿研究》，《中国人口·

资源与环境》2014 年第 4 期。

朱晶、晋乐：《农业基础设施与粮食生产成本的关联度》，《改革》2016 年第 11 期。

朱晶等：《江苏省粮食增产的贡献因素分解与测算（2004—2013年）——基于粮食内部种植结构调整的视角》，《华东经济管理》2015 年第 3 期。

朱文：《新农村建设中农村集体土地流转制度改革与创新》，《农村经济》2007 年第 9 期。

朱文涛、孔祥智：《以宁夏枸杞为例探讨契约及相关因素对中药材质量安全的影响》，《中国药房》2008 年第 21 期。

左两军、蔡键：《个体特征、认知差异与农户安全用药行为研究》，《江西财经大学学报》2015 年第 4 期。

左两军等：《种植业农户农药信息获取渠道分析及启示——基于广东蔬菜种植户的抽样调查》，《调研世界》2013 年第 8 期。

Ambrus，A.：《农药残留分析》，金钦汉等译，北京大学出版社1990 年版。

Abdollahzadeh，G.，Sharifzadeh，M. S.，Damalas，C. A.，"Perceptions of the Beneficial and Harmful Effects of Pesticides among Iranian Farmers Influence the Adoption of Biological Control"，*Crop Protection*，2015（75）：124 – 131.

Abhilash，P. C，Nandita，S.，"Pesticide Use and Application：An Indian Scenario"，*Journal of Hazardous Materials*，2009，165（3）：1 – 12.

Adams，T. O.，Hook，D. D.，Floyd M. A.，et al.，"Effectiveness Monitoring of Silvicultural Best Management Practices in South Carolina"，*Southern Journal of Applied Forestry*，1995（19）：170 – 176.

Akerlof，G.，"The market for Lemons：Quality Uncertainty and the Market Mechanism"，*Quarterly Journal of Economics*，1970，84（3）：488 – 500.

Allen，D. W.，Lueck，D.，"The Transaction Cost Approach to Agricultural Contracts"，*Contributions to Economic Analysis*，1996，23（4）：

31 – 64.

Amaza, P. S. , Ogundari, K. , "An Investigation of Factors that Influence the Technical Efficiency of Soybean Production in the Guinea Savannas of Nigeria", *Food, Agriculture & Environment*, 2008, 6 (1): 92 – 96.

Anat Thapinta, Paul F Hudak, "Pesticide Use and Residual Occurrence in Thailan", *Environmental Monitoring and Assessment*, 2000 (60): 103 – 114.

Andrea Viviana Waichman, Evaldice Eve, "Do Farmers Understand the Information Displayed on Pesticide Product Labels? A Key Question to Reduce Pesticides Exposure and Risk of Poisoning in the Brazilian Amazon", *Crop Protection*, 2007 (26): 576 – 583.

Anselin, Luc, Anil, et al. , "Spatial Dependence in Linear Regression Models with an Introduction to Spatial Econometrics", *Statistics Textbooks and Monographs*, 1998, 15 (5): 237 – 290.

Antle, J. M. , "Benefits and Costs of Food Safety Regulation", *Food Policy*, 1999 (24): 605 – 623.

Arrow, K. , Benefits – cost Analysis in Environmental Health and Safety Regulation: A Statement of Principles, Washington D. C. : The AEI Press, 1996: 23 – 27.

Arrow, K. J. , "The Organization of Economic Activity: Issues Pertinent to the Choice of Market Versus Nonmarket Allocation", *The Analysis and Evaluation of Public Expenditure: the PPB System*, 1969 (1): 59 – 73.

Atana Saha, H. , Alan Love, Robeit Schwar, "Adoption of Emerging Technologies under Output Uncertainty", *American Joural of Agricultural Economics*, 1994 (76): 836 – 848.

Avery, D. T. , "Saving the Plant with Pesticides, Biotechnology and European Farm Reform", Bawden Lecture, Brighton Conference, British Protection Council, 1997.

Barney, J. B., "Firm Resources and Sustained Competitive Advantage", *Journal of Management*, 1991, 17 (1): 99 – 120.

Barney, J. B., "How a Firm's Capabilities Affect Boundary Decisions", *Sloan Management Review*, 1999, 40 (3): 137 – 145.

Boccaletti, S., Nardella, M., "Consumer Willingness to Pay for Pesticide – free Fresh Fruit and Vegetables in Italy", *International Food and Agribusiness Management Review*, 2000, 3 (3): 297 – 310.

Bolognesi, C., Merlo, F. D., "Pesticides: Human Health Effects", *Encyclopedia of Environmental Health*, 2011, 156 (1): 438 – 453.

Brahim Chekima, Aisat Igau, Oswald, et al., "Narrowing the Gap: Factors Driving Organic Food Consumption", *Journal of Cleaner Production*, 2017, 166 (10): 1438 – 1447.

Brockett, P. L., Cooper, W. W., Yuying Wang, et al., "Inefficiency and Congestion in Chinese Production before and after the 1978 Economic Reforms", *Socio – Economic Planning Sciences*, 1998, 32 (1): 1 – 20.

Brodt, S., Klonsky, K., Tourte L., "Farmer Goals and Management Styles: Implications for Advancing Biologically Based Agriculture", *Agricultural Systems*, 2006 (89): 95 – 105.

Caicia, M. M., Fearne, A., Caswell, J. A., et al., "Co – regulation as a Possible Model for Food Safety Governance: Opportunities for Public – private Partnerships", *Food Policy*, 2007, 32 (3): 299 – 314.

Carica, M. M., Verbruggen, N. P., Fearne E. A., "Risk – based Approaches to Food Safety Regulation: What Role for Co – regulation?", *Journal of Risk Research*, 2013, 16 (9): 1101 – 1121.

Catherine, E., Le Prevost, J. F., Storm, C. R., et al., "Assessing the Effectiveness of the Pesticides and Farmworker Health Toolkit: A Curriculum for Enhancing Farmworkers' Understanding of Pesticide Safety Concepts", *Journal of Agromedicine*, 2014, 19 (2): 96 – 102.

Cheryl, R. D., Morris, M. L., "How Does Fender Affect the Adoption of Agricultural Innovations? The Case of Improved Maize Technology in Ghana", *Agricultural Economics*, 2001, 25 (1): 27 – 29.

Claro, D. P. , "The Determinants of Relational Governance and Performance: How to Manage Business Relationship?", *Industrial Marketing Management*, 2003, 32 (8): 703 – 716.

Coase, Ronald, H. , "The Nature of the Firm", *Economica*, 1937 (4): 386 – 405.

Coase, R. H. , "The Nature of the Firm", *Economica*, 1937, 16 (4): 386 – 405.

Coase, R. H. , "The Problem of Social Cost", *Journal of Law and Economics*, 1960, 25 (3): 1 – 44.

Cooper, J. , Dobson, H. , "The Benefits of Pesticides to Mankind and the Environment", *Crop Protection*, 2007 (26): 1337 – 1348.

Crawford, V. , "Long – term Relationships Governed by Short – term Contracts", *American Economic Review*, 1988, 78 (3): 485 – 499.

Crossman, S. J. , Hart, O. D. , "The Cost and Benefits of Ownership: A Theory of Vertical and Lateral Integration", *The Journal of Political Economy*, 1986, 94 (4): 691 – 719.

David Hemenway, "Propitious Selection in Insurance", *Journal of Risk and Uncertainty*, *Kluwer Academic Publishers*, 1992 (35): 247 – 251.

Duranton, G. , Puga, D. , "Micro – foundations of Urban Agglomeration Economics", in Henderson, V. and J. F. , Thisse (eds.), Handbook of Regional and Urban Economics, Volume 4, Elsevier, 2004: 2063 – 2117.

Epstein, L. , Bassein, S. , "Patterns of Pesticide Use in California and the Implications for Strategies for Reduction of Pesticides (Review)", *Annual Review of Phytopathology*, 2003 (41): 351 – 375.

Erik Lichtenberg, Chengri Ding, "Assessing Farmland Protection Policy in China", *Land Use Policy*, 2008 (28): 59 – 68.

Fox, G. , Weersink, A. , "Damage Control and Increasing Returns", *American Journal of Agricultural Economics*, 1995, 77 (1): 33 – 39.

Foyer, S. , "Co – operative Organizational Strategies: A Neo – institutional Digest", *Journal of Cooperatives*, 1999 (14): 44 – 67.

George, A. Akerlof, "The Market for 'Lemons': Quality Uncertainty and the Market Mechanism", *The Quarterly Journal of Economics*, 1970, 84 (3): 488 – 500.

Gilden, R. C. , Huffling, K. , Sattler, B. , "Pesticide and Health Fisks", *Journal of Obsteric, Gynecologic, & Neonatal Nursing*, 2010, 39 (1): 103 – 110.

Goodhue, R. R. , Klonsky, K. , Mohapatra, S. , "Can An Education Program Be a Substitute for a Rregulatory Program that Bans Pesticides? Evidence from a Panel Selection Model", *American Journal of Agricultural Economics*, 2010, 92 (4): 956 – 971.

Grout, P. , "Investment and Wages in the Absence of Binding Contracts: A Nash Bargaining Approach", *Econometrica*, 1984, 52 (2): 449 – 460.

Hall, D. C. , Norgaard, R. B. , "On the Timing and the Application of Pesticides", *American Journal of Agricultural Economics*, 1973, 55 (2): 198 – 201.

Hanna – Andrea Rother, "Risk Perpception, Risk Communication, and the Effectiveness of Pesticide Labels in Communicating Hazards to South African Farm Workers", *A thesis for the degree of doctor of UMI*, 2005.

Hart, O. , Moore, J. , "Property Rights and the Nature of the Firm", *Journal of Political Economy*, 1990, 98 (6): 1119 – 1158.

Hayek, F. A. , "The Use of Knowledge in Society", *American Economic Review*, 1945, 35 (4): 519 – 530.

Haymai, Yujiro, Vernon Ruttan. Agricultural Development: An International Perspective, Baltimore and London, The John Hopkins University Press, 1980.

Hennessy, D. , "Information Asymmetry as a Reason for Food Industry Vertical Integration", *American Journal of Agricultural Economics*, 1996, 78 (4): 1034 – 1043.

Henson, S. , Masakure, O. , Boselie, D. , "Private Food Safety and Quality Standards for Fresh Produce Exporters: the Case of Hortico Agrisystems, ZimBabwe", *Food Policy*, 2005, 30 (4): 371 – 384.

Hobbs, J. E. , Young, L. M. , "Closer Vertical Coordination in Agri – food Supply Chains: A Conceptual Framework and Some Preliminary Evidence", *Supply chain Management*, 2000, 5 (3): 131 – 143.

Hoether, G. , Mellewigt, T. , "Choice and Performance of Governance Mechanisms: Matching Alliance Governance to Asset Type", *Strategic Management Journal*, 2009, 30 (10): 1025 – 1044.

Hruska, A. J. , "Government Pesticide Policy in Nicaragua 1985 – 1989", *Global Pesticide Monitor*, 1990 (1): 3 – 5.

Hubbell Bryan J. , "Estimating Insecticide Application Frequencies: A Comparison of Geometric and Other Count Data Models", *Journal of Agricultural and Applied Economics*, 1997, 29 (2): 225 – 242.

Hurtig, A. K. , Sebastian, M. S. , Soto, A. , et al. , "Pesticide Use among Farmers in the Amazon Basin of Ecuador", *Arch Environ Health*, 2003 (58): 223 – 228.

Isin, S. , Yilderim, I. , "Fruit Growers' Perceptions on the Harmful Effects of Pesticides and Their Reflection on Practices: the Case of Kemalpasa, Turkey", *Crop Protection*, 2007, 26 (7): 917 – 922.

Jacquet, F. , Butault, J. P. , Guichard, L. , "An Economic Analysis of the Possibility of Reducing Pesticides in French Field Crops", *Ecological Economics*, 2011, 70 (9): 1638 – 1648.

Jena, P. R. , Grote, U. , "Impact Evaluationof Traditional Basmati Rice Cultivation in Uttarakhand State of Northern India: What Implications does it Hold for Geographical Indications? ", *World Development*, 2012, 40 (9): 1895 – 1907.

Kao, J. J. , Chen, W. J. , "A Multiobjective Model for Non – point Source Pollution Control for an Off – stream Reservoir Catchment", *Water Science and Technology*, 2003, 48 (10): 177 – 183.

Khan, M. , Mahmood, H. Z. , Damalas, C. A. , "Pesticide Use and Risk Perceptions among Farmers in the Cotton Belt of Punjab, Pakistan", *Crop Protection*, 2015 (67): 184 – 190.

Kishor, A. P. , "Use Knowledge and Practices: A Gender Differences in Nepal", *Environmental Research*, 2007 (104): 305 – 311.

Klein, B. , "Transaction Cost Determinants of 'Unfair' Contractual Arrangements", *American Economic Review*, *Papers and Proceedings*, 1980, 70 (2): 356 – 362.

Klein, B. R. , Crawford, A. Alchian, "Vertical Integration, Appropriable Rents and the Competitive Contracting Process", *Journal of Law and Economics*, 1978, 21 (2): 297 – 326.

Kottila, M. R. , P. Ronni, "Collaboration and Trust in two Organic Food Chains", *British Food Journal*, 2008 (110): 376 – 394.

Kreps, B. , Wilson, R. , "Reputation and Imperfect Information", *Journal of Economic Theory*, 1982, 27 (2): 253 – 279.

Kruger, D. J. , Polanski, S. P. , "Sex Differences in Mortality Rates Have Increased in China Following the Single – child Law", *Letters on Evolutionary Behavioral Science*, 2011, 2 (1): 1 – 4.

Kumari, L. P. , Reddy, K. G. , "Knowledge and Practices of Safety Use of Pesticides among Farm Workers", *IOSR Journal of Agriculture and Veterinary Science*, 2013, 6 (2): 1 – 8.

Kuwornu, J. K. M. , Kuiper, W. E. , Pennings, J. M. E. , "Agency Problem and Hedging in Agri – food Chains: Model and Application", *Jounal of Marketing Channels*, 2009 (16): 265 – 289.

Leary, M. T. , Roberts, M. R. , "Do Peer Firms Affect Corporate Financial Policy? ", *The Journal of Financ*, 2014, 69 (1): 139 – 178.

Lopes Soares, W. , Firpo de Souza Porto, M. , "Estimating the Social Cost of Pesticide Use: An Assessment from Acute Poisoning in Brazil", *Ecological Economics*, 2009, 68 (10): 2721 - 2728.

Maltsoglou, I., Tanyeri - Abur, A., "Transaction Costs, Institutions and Smallholder Market Integration: Potato Producers in Peru", *ESA Working Paper*, 2005, 4 (5): 178 - 191.

Martin, Philippe, Gianmarco IP Ottaviano, "Growth and Agglomeration", *International Economic Review*, 2001, 42 (4): 947 - 968.

Martinez, G. M., Fearne, A., Caswell, J. A., et al., "Co - regulation as a Possible Model for Food Safety Governance: Opportunities for Public - private Partnerships", *Food Policy*, 2007, 32 (3): 299 - 314.

Masten, S. E., Crocker, K. J., "Efficient Adaptation in Long - term Contracts: Take - or - pay Provisions for Natural Gas", *American Economic Review*, 1985, 75 (5): 1083 - 1093.

Matopoulos, A., et al., "A Conceptual Framework for Supply Chain Collaboration", *Supply Chain Management*, 2007, 12 (3): 177 - 186.

Mekonnen, Y., Ejigu, D., "Plasma Cholinesterase Level of Ethiopian Farm Workers Exposed to Chemical Pesticide", *Occupational Medicine*, 2005, 55 (6): 504 - 505.

Moomaw, R. L., "Productivity and City Size: A Critique of the Evidence", *The Quarterly Jounal of Economics*, 1981: 675 - 688.

Morris, M. L., Doss, C. R., "How does Gender Affect the Adoption of Agricultural Innovations? The Case of Improved Maize Technology in Ghana", //Annual Meeting of the American Agricultural Economics Association. Nashville: AAEA, 1999: 8 - 11.

Nelson, R., Winter, S., An Evolutionary Theory of Economic Change, Mass: Belknap Press of Harvard University Press, Cambridge, 1982.

Newton, J. H., List, George, M., "Codling Moth and Mite Control in 1948", *Journal of Economic Entomology*, 1949, 42 (2): 346 - 348.

Norbert Hirschauer, "A Model – based Approach to Moral Hazard in Food Chains", *Agrarwirtscaft*, 2004, 53 (5): 192 – 205.

Ntow, W. J., Gijzen, H. J., Kelderman, P., et al., "Farmer Perceptions and Pesticide Use Practices in Vegetable Production in Ghann", *Pest Manag Sci*, 2006 (62): 356 – 365.

Oliver, E., Williamson, "The Theory of the Firm as Governance Structure: From Choice to Contract", *Journal of Economic Perspectives*, 2002, 16 (3): 171 – 195.

Paschalina Ziamou, "Promoting Consumer Adoption of High – technology Products: Is More Information Always Better?", *Journal of Consumer Psychology*, 2002 (4): 341 – 351.

Pimentel, D., D'amore, M., "Environmental and Economic Costs of Pesticide Use", *Bioscience*, 1992, 42 (10): 750 – 760.

Pingali, P., "Westernization of Asian Diets and the Transformation of Food Systems: Implications for Research and Policy", *Food Policy*, 2007, 32 (3).

Poppo, L., Zenger, T., "Do Formal Contracts and Relational Governance Function as Substitutes or Complements", *Strategic Management Journal*, 2002, 23 (8): 707.

Power, M. E., Brozovic, N., Bode, C., et al., "Spatially Explicit Tools for Understanding and Sustaining Inland Water Ecosystems", *Frontiers in Ecology and the Environment*, 2005, 3 (1): 47 – 55.

Rahm, M. R., Huffman, W. E., "The Adoption of Reduced Tillage: The Role of Human Capital and Other Variables", *American Journal of Agricultural Economics*, 1984 (66): 405 – 413.

Redding, S., Venables, A. J., "Economic Geography and International Inequality", *Journal of International Economic*, 2004, 62 (1): 53 – 82.

Roberts, T., Ravensway, E., Food Safety Economics, North Holland Publishing Co., 1989.

Rosenthal, S. S. , Strange, W. C. , "Evidence on the Nature and Sources of Agglomeration Economics," in Henderson, V. and J. F. , Thisse (eds.), *Handbook of Regional and Urban Economics*, Volume 4, Elsevier, 2004: 2119 – 2171.

Sadoulet, E. , Fukui, S. , Janvry, A. , "Efficient Share Tenancy Contracts under Risk: The Case of two Rice – growing Villages in Thailand", *Journal of Development Econnomics*, 1994, 45 (2): 225 – 243.

Saphores, J – D. M. , "The Economic Threshold with a Stochastic Pest Population: A Real Options Approach", *American Journal of Agricultural Economics*, 2001, 82 (3): 541 – 555.

Schipmann, C. , Qaim, M. , "Supply Chain Differentiation, Contract Agriculture, and Farmers' Marketing Preferences: The Case of Sweet Pepper in Thailand", *Food Policy*, 2011, 36 (5): 666 – 676.

Shumway, C. R. , Chesser, R. R. , "Pesticide Tax, Cropping Patterns and Water Quality in South Central Texas", *Journal of Agricultural and Applied Economics*, 1994, 26 (1): 224 – 240.

Susmita, D. , Meisner, C. , Huq, M. , "A Pinch or a Pint? Evidence of Pesticide Overuse in Bangladesh", *Journal of Agicultural Economics*, 2007, 58 (1): 91 – 114.

Talpaz, H. , Borosh, I. , "Strategy for Pesticide Use: Frequency and Applications", *American Journal of Agricultural Economics*, 1974, 56 (4): 769 – 775.

Theodoros, S. , Stefanou, S. E. , Oude, L. A. , "Can Economic Incentives Encourage Actual Reductions in Pesticide Use and Environmental Spillovers", *Agricultural Economics*, 2012, 43 (3): 267 – 276.

Thomas, K. Rudel, Laura Schneider, Maria Uriarte, et al. , "Agricultural Intensification and Changes in Cultivated Areas, 1970 – 2005", *Proceedings of National Academy of Sciences of the United States of America*, 2009 (106): 20675 – 20680.

Tirole, Jean, "Procurement and Renegotiation", *Journal of Political*

Economy, 1986, 94 (2): 235 - 259.

Unnevehr, L. , "Costs and Benefits of Food Safety Regulation", *OECD Papers*, 2003, 3 (7): 9 - 51.

Vakis, R. , Sadoulet, E. , Janvry, A. , "Measuring Transactions Costs from Observed Behavior: Market Choices in Peru", *Department of Agricultural & Resource Economics, University of California, Berkeley*, 2003.

Williamson Oliver, "Comparative Economics Organization: The Analysis of Discrete Structural Alternatives", *Administrative Science Quarterly*, 1991, 36 (2): 269 - 296.

Williamson, O. E. , Markets and Hierarchies, New York: Free Press, 1975.

Williamson, O. E. , The Economic Institutions of Capitalism: Firms, Markets and Relational Contracting, New York: The Free Press, 1985.

Williamson, O. E. , "Transaction Cost Economies: The Governance of Contractual Relations", *Journal of Law and Economics*, 1979 (22): 233 - 261.

Wilson, C. , Tisdell, C. , "Why Farmers Continue to Use Pesticides Despite Environmental, Health and Sustainability Costs", *Ecological Economics*, 2001, 39 (3): 449 - 462.

Young, L. , Hobbs, J. , "Vertical Linkages in Agri - food Supply Chains: Changing Roles for Producers, Commodity Groups and Government Policy", *Review of Agricultural Economics*, 2002, 24 (2): 428 - 441.